XIANDAI JIXIE ZHIZAO GONGYI
YU XINJISHU FAZHAN TANJIU

现代机械制造工艺与新技术发展探究

◎邵国友　周德廉 / 著

U0251570

四川大学出版社

责任编辑:唐　飞
责任校对:蒋　玙
封面设计:陈　勇
责任印制:王　炜

图书在版编目(CIP)数据

现代机械制造工艺与新技术发展探究 / 邵国友，周德廉著. —成都：四川大学出版社，2017.12
ISBN 978-7-5690-1352-8

Ⅰ.①现…　Ⅱ.①邵…　②周…　Ⅲ.①机械制造工艺-技术发展-研究　Ⅳ.①TH16

中国版本图书馆 CIP 数据核字（2017）第 293136 号

书名　**现代机械制造工艺与新技术发展探究**

著　　者	邵国友　周德廉
出　　版	四川大学出版社
地　　址	成都市一环路南一段 24 号 (610065)
发　　行	四川大学出版社
书　　号	ISBN 978-7-5690-1352-8
印　　刷	郫县犀浦印刷厂
成品尺寸	185 mm×260 mm
印　　张	11
字　　数	248 千字
版　　次	2017 年 12 月第 1 版
印　　次	2017 年 12 月第 1 次印刷
定　　价	45.00 元

◆读者邮购本书,请与本社发行科联系。
电话:(028)85408408/(028)85401670/
(028)85408023　邮政编码:610065
◆本社图书如有印装质量问题,请
寄回出版社调换。
◆网址:http://www.scupress.net

前　　言

制造是人类最主要的生产活动之一。它指人类按照所需，运用主观掌握的知识和技能，应用可利用的设备和工具，采用有效的方法，将原材料转化为有使用价值的物质产品并投放市场的全过程。制造业是对原材料进行加工或再加工以及对零部件装配的工业的总称，是国民经济的支柱产业之一。

机械制造工业是国民经济的装备部，在国民经济中具有十分重要的地位和作用。无论是传统产业还是新兴产业，都离不开机械设备。机械制造工业的规模和水平是反映国民经济实力和科学技术水平的标志。世界各国都把机械制造工业作为振兴和发展国民经济的战略重点之一。

随着生产和科学技术的发展，许多工业部门，尤其是国防、航天、电子等工业，要求产品向高精度、高速度、大功率、耐高温、耐高压、小型化等方向发展。产品零件所使用的材料越来越难加工，形状和结构越来越复杂，要求的精度越来越高，表面粗糙度越来越小。常用的传统加工方法已不能满足需要，于是，便创造和发展了一些精密加工和特种加工方法。本书在对机械制造常见工艺进行阐述的基础上，对精密与特种加工技术进行了研究，详细地分析了磁盘基片的精密切削、陶瓷材料的精密切削以及激光加工、超声波加工、电子束加工、离子束加工等。

现代科学技术的飞速发展，社会需求的多样性和变化性，要求机械制造必须突破原有的生产组织模式，使产品的制造适应日益变化的市场需求和激烈的市场竞争。计算机技术、数控技术、控制论及系统工程与制造技术的结合，产生了现代制造技术，形成了现代机械制造系统。而机械制造系统的自动化给现代机械制造带来了一系列的好处。本书重点对机械制造系统的自动化与计算机辅助制造技术进行了研究，其中对 FMS 自动加工系统进行了详细的阐述。

快速原型制造又称为快速出样件技术或快速成型法，是 20 世纪 80 年代中后期发展起来的一种新技术。与传统去除材料的加工方法不同，它采用材料累加的方法逐层制作，对快速响应市场、缩短产品开发周期、降低开发费用具有极其重要的意义。本书在对快速原型技术理论分析的基础上，阐述了快速原型技术在快速产品开发、模具制造、医学、工程测试、功能测试及艺术品制造等方面的应用。

全书共 6 章。第 1 章主要阐述机械制造工艺过程基本概念、机械加工工艺规程的制定、机械加工表面质量；第 2 章主要对车削加工、铣削加工、磨削加工、齿形加工进行了阐释；第 3 章主要研究精密加工方法、电化学加工技术、电火花加工及线切割、激光与超声波加工技术和电子束与离子束加工技术；第 4 章主要对机械制造系统自动化、成组技术、柔性制造系统，以及计算机集成制造系统进行了阐述；第 5 章将在快速原型技术总论的基础上，重点研究快速原型技术工艺方法和快速原型成型技术应用；第 6 章主要对虚拟制造技术、微细加工技术、纳米加工技术进行了阐释。

本书在撰写过程中参阅了大量的相关文献和资料，并引用了很多专家和学者的研究成果，在此对他们表示衷心的感谢！由于作者的水平有限，加之时间仓促，书中不妥与疏漏之处在所难免，在此恳请各位专家与读者批评指正。

作者

2017 年 10 月

目 录

第1章 机械制造工艺概述 …… 1

1.1 机械制造工艺过程基本概念 …… 1
1.2 机械加工工艺规程的制定 …… 7
1.3 机械加工表面质量 …… 20

第2章 机械制造常见工艺研究 …… 35

2.1 车削加工 …… 35
2.2 铣削加工 …… 43
2.3 磨削加工 …… 51
2.4 齿形加工 …… 59

第3章 精密与特种加工技术研究 …… 66

3.1 精密加工方法 …… 66
3.2 电化学加工技术 …… 72
3.3 电火花加工及线切割 …… 76
3.4 激光与超声波加工技术 …… 82
3.5 电子束与离子束加工技术 …… 88

第4章 机械制造系统的自动化与计算机辅助制造技术研究 …… 93

4.1 机械制造系统自动化 …… 93
4.2 成组技术 …… 97
4.3 柔性制造系统 …… 106
4.4 计算机集成制造系统 …… 113

第5章 快速原型技术研究 …… 117

5.1 快速原型技术总论 …… 117
5.2 快速原型技术工艺方法 …… 124
5.3 快速原型技术应用 …… 137

第 6 章　其他先进制造技术研究 …… 142

6.1　虚拟制造技术 …… 142
6.2　微细加工技术 …… 149
6.3　纳米加工技术 …… 159

参考文献 …… 166

第 1 章　机械制造工艺概述

机械制造工艺是指采用各种机制、使用合适的生产器具加工或处理原材料、半成品，最终使之转换为机械产品的方法和过程。与机械制造工艺学有联系的行业有百多种，如通用机械，机床与工具，矿山、工程机械，冶金、轧制机械，发电设备，石油、天然气与化工机械，汽车与交通运输机械，等等。机械制造工艺的发展不仅要依赖生产的发展，还要实施试验研究，通过科学的方法对工艺问题进行分析、研究与解决，使工艺水平得以提升。机械制造工艺的发展也促使了设备和刀、夹、辅和量具等工艺设备的革新与发展。本章主要阐述机械制造工艺过程基本概念、机械加工工艺规程的制定、机械加工表面质量。

1.1　机械制造工艺过程基本概念

1.1.1　生产过程和工艺过程

1.1.1.1　生产过程

把原材料或者半成品加工成成品实施的操作流程就是产品的生产过程。在工厂进行产品生产的流程主要有以下阶段，内容如下：

(1)毛坯制造。毛坯的生产要在锻压和铸造车间进行。

(2)零件加工。加工零件时，要在机械加工、冲压、焊接、热处理和表面处理车间进行。

(3)零件装配。在装配车间把零件组装成产品。

(4)检验试车。在试验台上测试和检验产品的各项性能。

生产产品的过程是非常烦琐的，除了有直接影响生产对象上的工作(也就是工艺过程)以外，还涵盖制订生产计划、编制工艺规程与生产工具的准备等生产准备工作，以及维修设备、提供并输送原材料和半成品、生产中的统计与核算等生产辅助工作。

1.1.1.2　工艺过程

1)工艺过程的概念

在生产产品的阶段中,占据最重要位置的是工艺过程。通过实施加工工艺把原材料或者半成品直接离开工成成品的过程就叫作工艺过程。例如,焊接、冲压、热处理与表面处理、装配等都是工艺过程。

采用机械加工工艺一步一步地变动毛坯的特性、大小与形状,让其变换为合格零件的整个过程叫作机械加工工艺过程。在对机械产品进行生产时,在总的劳动量中,机械加工约占60%的比例,而且当今机械加工也是获取零件高精度和复杂构形的重要加工阶段。

2)工艺过程的组成

(1)工序。工序是指在一个工作场所,一个或者几个工人对工件不间断完成的这一部分工艺的过程。工序是工艺流程中的基本组成部分,也是生产加工的基本单元。划分工序的依据主要有两条:第一,看在加工过程中,工作地点是否改变了;第二,看工作是否是连续的。例如,有一批轴套需要钻孔和扩孔,如果这批轴套是在同一台钻床上先钻孔再扩孔连续完成的,那么,这批轴套的钻孔和扩孔加工就属于同一工序;如果将这批轴套依次先进行钻孔,然后再依次进行扩孔,虽然在同一台钻床上完成,但由于对每个轴套来说,钻孔和扩孔不是连续进行的,所以钻孔和扩孔应属于两个不同的工序。

(2)安装。在一道工序中,若要多次装夹工件,那么在进行每次装夹操作以后实现的这一部分工序内容就叫作安装。一个工序可能要进行一次安装,也可能要进行多次安装。例如,在表1-1中工序1,在装夹完一次后,还需要3次调头装夹,才可以完成所有工序内容,所以这个工序需要进行安装的总次数为4。表1-1中工序2的含义是指在装夹一次的条件下实现的所有工序内容,所以这个工序仅有1次安装。

表1-1　工序和安装

工序号	安装号	工序内容	设备
1	1	车小端面,对小端面钻中心孔,粗车小端外圆,对小端倒角	车床
	2	车大端面,对大端面钻中心孔,粗车大端外圆,对大端倒角	
	3	精车大端外圆	
	4	精车小端外圆	
2	1	铣键槽,手工去毛刺	铣床

应尽可能减少安装次数,多一次装夹就多一次安装误差,又增加了装卸辅助时间。

(3)工步。工步指的是在一道工序中,存在3个要素均不改变的情况下所完成的那部分工艺过程,这3个要素是加工表面、切削用量和切削刀具。工步是工序的基本组成部分。例如,车一根轴,安装了三把车刀,第一把端面车刀车端面,第二把外圆车刀车外圆,第三把切断车刀切断,那么就是三个工步。为了提高生产效率,在实际生产加工过程中，工人师傅在对几个表面同步实施加工时，通常使用多把刀具，如此工步就叫作复合工步。在工艺过程中，复合工步通常被认为是一个工步。

复合工步应用于工艺过程的范围是非常普遍的。例如，图 1-1 是在龙门刨床上，使用多刀刀架在互异高度上安装 4 把刨刀实现刨削加工的复合工步；图 1-2 是在钻床上通过复合钻头加工钻孔与扩孔的复合工步；图 1-3 是在铣刀组合的情况下，在铣床上通过铣削，并对几个平面进行加工的复合工步。不难看出，使用复合工步能够使生产率得到提升。

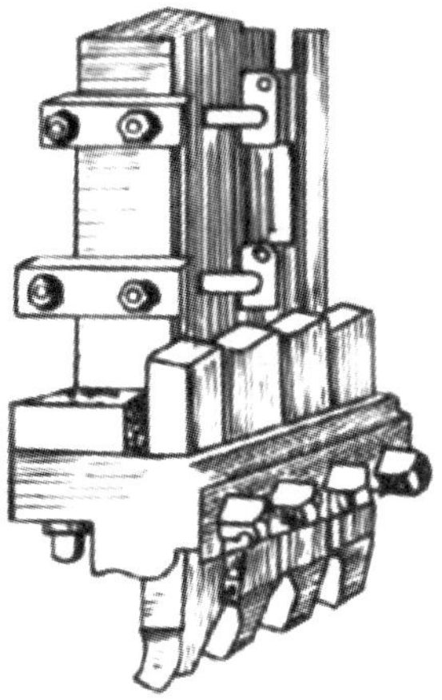

图 1-1　刨平面复合工步

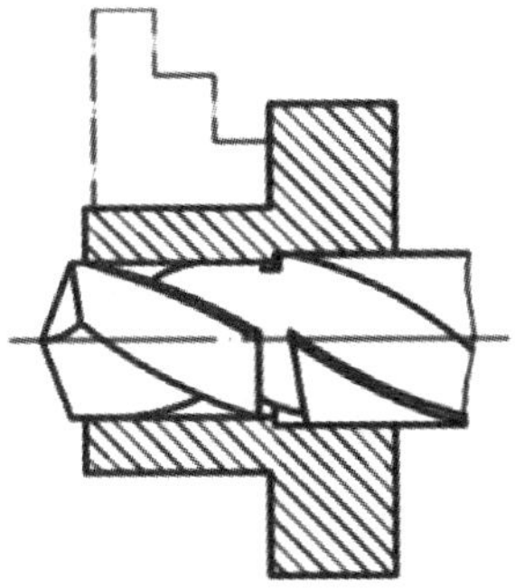

图 1-2　钻孔、扩孔复合工步

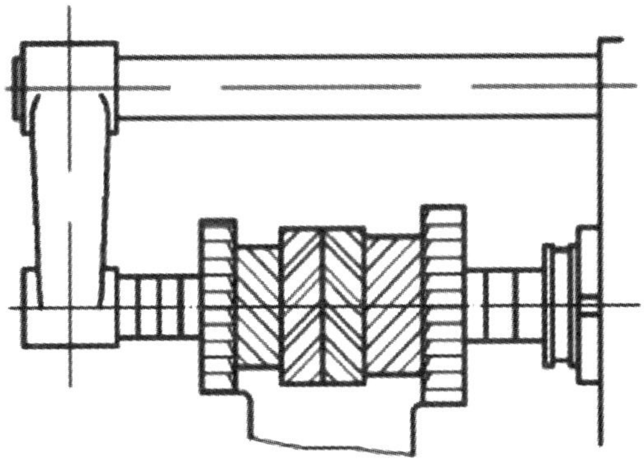

图 1-3　组合铣刀铣平面复合工步

多工位加工中的每一个工位，可能包括了普通加工方式中的一个工序，也可能只包括一个工步。但由于全部加工没有改变工作地点和操作者，又是连续加工，所以整个加工称为一个工序，每个工位相当于一个工步。

(4)走刀。当被加工表面在一个工步中有极大的切削余量时，进行切削时往往要划分为许多次，每切削一次，就是一次走刀。一个工步里有一次或多次走刀。当金属层非常厚重时，要在一次走刀下切完它是无法实现的，解决的方法是要分几次走刀，走刀次数也就是行程次数。螺钉机械加工工艺如图 1-4 所示。其中在工序 Ⅰ 车中，车螺纹外径 D，

1个工步需3次走刀；车螺纹，1个工步需6次走刀。在工序Ⅲ铣中，铣六方复合工步需3次走刀。

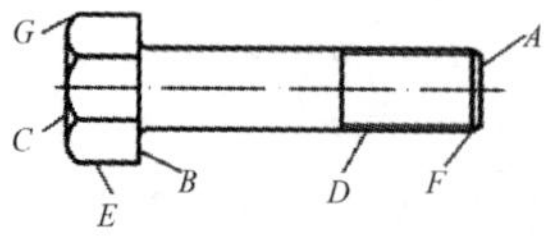

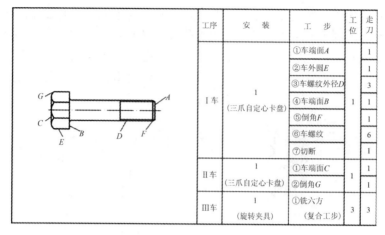

工序	安装	工步	工位	走刀
Ⅰ车	1（三爪自定心卡盘）	①车端面A	1	1
		②车外圆E		1
		③车螺纹外径D		3
		④车端面B		1
		⑤倒角F		1
		⑥车螺纹		6
		⑦切断		1
Ⅱ车	1（三爪自定心卡盘）	①车端面C	1	1
		②倒角G		1
Ⅲ车	1（旋转夹具）	①铣六方（复合工步）	3	3

图1-4　螺钉机械加工工艺

1.1.2　生产纲领、生产批量与生产类型

1.1.2.1　生产纲领

生产纲领往往指的是一年内产品的生产数量。生产纲领、生产类型和工艺这三者之间存在着非常紧密的联系。生产纲领不相同，生产规模也不相同，工艺过程的特点也相应而异。

零件的生产纲领通常按下式计算：

$$N=Qn(1+\alpha)(1+\beta)$$

式中　N——零件的生产纲领（件/年）；

Q——产品的年产量（台/年）；

n——每台产品中，该零件的数量（件/台）；

α——备品率（%）；

β——废品率（%）。

对工艺规程进行设计或修改，生产纲领是其重要根据，同时也是车间（或工段）设计的基础文件。

明确了生产纲领以后，还要视工段和车间的具体状况对生产批量进行确定。

1.1.2.2　生产批量

在规定的时间内，一次性投入或者制造出的同一件产品或者零件的个数就叫作生产批量。通常情况下，周转资金的速度要迅速、加工零件与调整成本要少、确保销售与装配

要有充足的储备量 3 方面是判断生产批量多少的主要因素。零件生产批量通常使用以下公式进行计算，即

$$n=\frac{NA}{F}$$

式中　n——每批中的零件数量；

N——年生产纲领规定的零件数量，也就是年产量；

A——零件应该储备的天数；

F——一年中工作日天数。

1.1.2.3　生产类型

生产类型是企业（或车间、工段、班组、工作地）生产专业化程度的分类。

工厂的生产方式、规模取决于工厂或产品的生产纲领。

生产类型通常包括以下 3 类，即单件生产、成批生产和大量生产。

1）单件生产

单一地或少量地生产大小、结构不一样的产品并且无重复、较少重复生产的手段就叫作单件生产。属于单件生产的类型有很多种，如大型船用柴油机、汽轮机、重型机器的制造和新产品的试制等。

因为单件生产的工厂需要生产种类不同并且少数量的产品，所以在生产组织上的灵活性比较大。

2）成批生产

成批次地制造相同的产品，并按一定的时期交替地重复。批量指的就是每一批生产的同一产品或工件的数目。以批量的多少为依据，可将成批生产划分成大批量生产、中批量生产和小批量生产 3 种类型。大批量生产与在量生产非常相似，其产品数目大但类型定量；小批量生产与单件生产相似，其产品数目小但产品类型比较多；位于大批量生产与小批量生产中间则是中批量生产的显著特征。

3）大量生产

当有很大数量的产品时，在每台机床或者设备上持续反复地进行某工作的一个工序的生产方式就称为大量生产。如汽车、汽车内燃机、内燃机上某些零件及附件的专业化生产等，均采用这种大量生产方式。

大量生产方式大多使用专用机床，组织生产是根据流水的方式进行，适合使用自动化技术，所以生产率较高、成本低。

生产量与生产类型之间的关系及其工艺特点，见表 1-2。

表 1-2　生产量、生产类型与工艺特点

生产类型		单件生产	成批生产			大量生产
			小批	中批	大批	
生产量	重型机械	＜5	5～100	100～300	300～1 000	＞1 000
	中型机械	＜20	20～200	200～500	500～5 000	＞5 000
	轻型机械	＜100	100～500	500～5 000	5 000～50 000	＞50 000
工艺特点	毛坯特点	用木模手工造型及自由锻，毛坯精度低，加工余量大	用金属模造型及模锻，部分采用精铸、碾压与空心锻造等先进方法，毛坯精度及加工余量中等			广泛采用机器造型及精铸、碾压与精锻等先进方法，毛坯精度高，加工余量小
	机床设备	通用机床，部分采用数控机床及加工中心	通用机床，部分采用专用机床、组合机床及柔性制造单元			广泛采用专用机床及自动机床
	设备布置形式	按机群式布置	按零件类别分工段排列			按流水线或自动生产线排列
	工艺装备	采用标准附件、通用夹具、刀具与量具	采用通用夹具，并广泛采用专用夹具、刀具和量具			广泛采用专用夹具、刀具和量具，并采用自动检测
	生产率	较低，可通过使用数控技术进行提高	中等			高
	成本	较高	中等			低

通常条件下，生产的类型不一样，进行工艺过程设计的具体水准也不一样。当进行单件生产时，往往仅单一地进行工艺路线的制订，在大量或成批生产时，则要详细地对其工艺规程进行设计。

1.2　机械加工工艺规程的制定

1.2.1　工艺规程的内容与作用

1.2.1.1　工艺规程的内容

将工艺过程的实施方法等根据一定的格式通过文件(或表格)的形式规定下来,这就是工艺规程。在生产准备作业中,工艺规程的制定具有非常重要的作用。通过规定的工艺规程对生产实施组织,对产品的经济性、质量和提升劳动生产率具有十分重要的意义。同时,工艺规程也是实施所有生产准备工作和生产辅助工作的根据。只有严格实施工艺规程,才能够建立起正常的生产秩序。工艺规程是一切与生产有关的人员都必须严格遵守并执行的纪律性文件。机械加工工艺规程涵盖的主要内容有工件加工工艺路线及所经过的车间和工段、所有工序的内容及使用的机床与工艺装备、工件的检验项目及检验方法、切削用量、工时定额及工人技术等级等。

1.2.1.2　工艺规程的作用

机械制造工艺规程的作用主要有以下几点。

1)工艺规程是指导生产的主要技术文件

合理的工艺规程是在工艺理论与必要的工艺试验的基础上进行制定的,是理论和实践的结合,是一个部门或企业技术水平的表现。通过工艺规程组织生产,不仅能够使产品的质量得到保障,还可以确保较高的生产效率与经济效益。在生产过程中,通常要严格地实施已经规定的工艺规程。但工艺规程也并非固定不可改变的,工艺人员在不断概括工人的改革与创新、迅速地学习国内外先进技术的基础上,可以按规定的程序持续地改进并完善现行工艺,以确保可以更好地对生产进行指导。

2)工艺规程是生产组织和管理工作的基本依据

在进行生产管理时,投入生产产品以前毛坯与原材料的提供、通用工艺设备的配置、机械负荷的调试与修整、专用工艺装备的设计与生产、编制作业计划、安排劳动力等,以上阐述的内容均是以工艺规程为基础的。

3)工艺规程是新建或扩建工厂或车间的基本资料

在对工厂或者车间进行创建或扩建时,生产所需的机床和其他设备的数量、类型和规格,车间的大小、工人的工种、等级及数目等内容唯有在工艺规程与生产纲领好的基础上才可以正确地确定下来。

1.2.2 机械加工工艺规程的制定

1.2.2.1 制定工艺规程的原则

对工艺规程进行制定的原则是在确保产品质量的基础上，力求最好的经济效益。也就是在一定的生产条件下，以最低的成本、最少的劳动消耗和最快的速度，最可靠地制造出与图样要求相符合的零件。与此同时，还要注意以下几方面的问题。

1)技术上的先进性

在对工艺规程进行制定时，应对现有的设备进行合理的利用，要明确该行业国内外工艺技术的发展情况，利用必要的工艺试验，踊跃利用合理的先进工艺与工艺设备。

2)经济上的合理性

在一定的生产环境条件下，可供挑选的工艺方案可能会存在多种，要根据互相比对与核算，挑选出最合理的方案，使产品的能源、材料消耗和生产成本最低。

3)有良好的劳动条件

在对工艺规程进行制订时，应确保在进行操作时，要有良好、安全的工作环境。在进行工艺方案的制定过程中，要选用机械化、自动化的措施，以使工人的体力劳动得以减轻。

1.2.2.2 制定工艺规程的原始资料

在对工艺规程实施制定时，通常要具有的原始资料如下：

(1)产品的装配图和零件图。

(2)产品验收的质量标准。

(3)产品的生产纲领(年产量)。

(4)毛坯资料。

(5)现场的生产条件。其包括生产车间面积，加工设备的种类、规格、型号，现场起重能力，工装制造能力，工人的操作技术水平和操作习惯特点，质量控制和检测手段等。

(6)国内外同类产品工艺技术的参考资料。

(7)有关的工艺手册及图册。

1.2.2.3 制定工艺规程的步骤

(1)了解并明白工艺规程制定的标准与生产条件，明确生产零件的类型和纲领，认识零件的结构工艺性。

(2)确定毛坯，包括毛坯类型的选择，以及其生产方法。

(3)拟定工艺路线，这是实施工艺规程制订的主要步骤。

(4)确定所有工序的加工余量、计算工序尺寸及其公差。

(5)确定所有主要工序的技术要求及检验方法。
(6)对所有工序的切削用量与时间定额进行确定。
(7)分析技术经济，挑选出最好的方案。
(8)对工艺文件进行填写。

1.2.3　制定机械加工工艺规程的主要问题

1.2.3.1　零件的工艺分析

在符合使用需求的条件下，设计生产的零件能够制造的可行性与经济性叫作零件的结构工艺性。它通常涵盖零件的所有制造过程中的工艺性，如零件结构的铸造、锻造、热处理、切削加工工艺性等。显而易见，零件结构工艺性牵涉的范围非常广，并具备综合性的特点，分析时一定要周密、全面。在实施制定机械加工工艺规程时，分析零件的切削加工工艺性是其主要目的。

在不一样的生产条件、类型下，同一结构的制造经济性与可行性也大概会不相同。例如，双联斜齿轮的结构如图 1-5 所示，两个齿圈间的轴向距离极小，从而对小齿圈实施加工时不应该使用滚齿。加工时唯有利用插齿来进行。又因为插斜齿需专用螺旋导轨，因此其结构工艺性非常差。如果工厂可以使用电子束焊，首先将两个齿圈进行滚切，然后把它们焊为一个整体，这样的结构工艺就比较好，而且还可以使齿轮之间的轴向尺寸得到减小。如此看来，要通过具体的生产类型与生产条件对结构工艺性进行分析，结构工艺性具有相对性。从上述分析也可知道，只有熟悉制造工艺，有一定实践知识，并且掌握工艺理论才能分析零件结构工艺性。

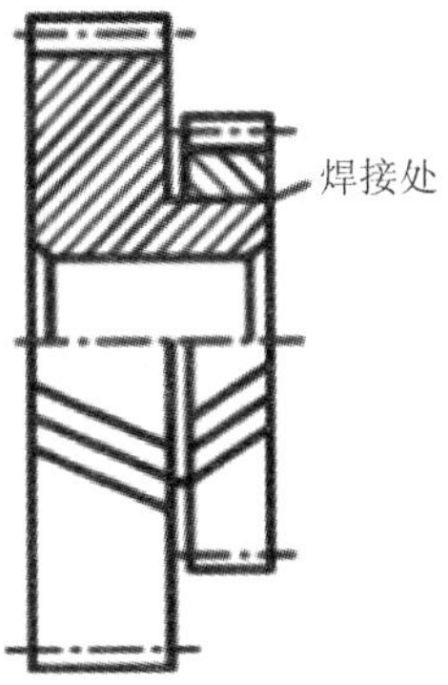

图 1-5　双联斜齿轮的结构

1.2.3.2　毛坯的选择

毛坯的大小和形状与成品零件越相似，也就是指毛坯会具有越高的精度，就会有越少的零件机械加工的劳动量，耗损的材料越少，于是使机械加工的生产效率得到了提升，缩减了费用,但提高了制造毛坯的费用。因此,要综合考量机械加工与毛坯制造两方面的因素来确定毛坯,从而收到最好的成效。

选择毛坯的类型及其制造方法是确定毛坯的内容。毛坯有很多的类型,具体有铸、锻、冲压、焊接、板材等。对毛坯进行确定时要注意的问题如下:

(1)零件的材料及其机械性能。当对零件的材料进行选择与确认以后,大体上也就确定了毛坯的类型。比如,当材料是铸铁,那么选择制造毛坯;当材料是钢材,而是要求的力学性能较高时,可以选择锻件;当有很低要求的力学性能时,可以选用铸钢或者型材。

(2)零件的形状和尺寸。由于毛坯的形状非常繁杂,往往使用铸造的手段。严禁使用砂型铸造薄壁零件,而大尺寸的铸件非常适用于砂型铸造,中、小型零件可以选用更先进的方法。对于一般用途的经常使用的钢质阶梯轴零件,若每个台阶相差的直径比较小,适宜选用棒料;反之,则选用锻件比较好。大尺寸的零件,由于受到设备的影响,选用自由锻是最佳的方法;模锻适用于中小型的零件;若钢质零件的形状比较复杂,那么选用自由锻是不合适的,

(3)生产类型。大量生产要采取高精度与高生产率的生产毛坯的方法,通过缩减材料的耗损、机械加工的成本可用于弥补生产毛坯的昂贵成本。举例如下,铸件应该选用精密铸造或者金属模机器造型;锻件应选用的方法有冷轧、模锻等;自由锻或木模手工造型则适用于单件小批量生产。

(4)生产条件。一定要根据具体的生产条件对毛坯进行确定,如现场生产毛坯的实际能力与水平、外协的可能性等。若条件允许,要主动地号召并调动地区进行专业化生产,整体地进行毛坯的供给。

(5)要全方位地探讨对新技术、新工艺与新材料采用的可能性。比如,应用于机械中的精铸、精锻、冷轧、冷挤压等也在慢慢地延伸。这些方法被采用后,能够使机械加工量得到极大地减少,有时甚至没有必要再实施机械加工,其经济成效十分明显。

1.2.3.3 定位基准的选择

1)基准

用于明确生产对象上几何要素之间的几何关系所凭借的那些点、线、面就叫作基准。

依据基准的作用,可以将基准分为两大类,即设计基准和工艺基准。

(1)设计基准。设计人员在对零件进行设计的过程中,要明确标注尺寸(或角度)的起始位置,其依据标准是零件在装配结构中的装配关系和零件本身结构要素之间的相互位置关系。总的说来,设计图样上所使用的基准就是设计基准。例如,如图 1-6 所示,在该阶梯轴中,端面 1 与中心线 2 就是设计基准。

(2)工艺基准。工艺基准指的是零件加工时所采用的基准。以工艺基准的作用为依据,能够把工艺基准分类为定位基准、测量基准和装配基准。

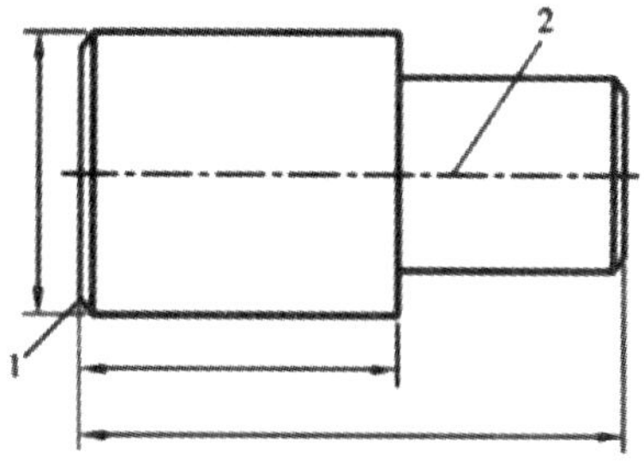

图 1-6　设计基准举例

1—端面;2—中心线

①定位基准,是指在对工件进行加工时起定位作用的基准。它是确定零件大小的直接标准,对其做进一步的划分,又有精基准和粗基准两类。

a. 精基准。经过机械加工的定位基准叫作精基准。

b. 粗基准。没有经过机械加工的定位基准叫作粗基准。在进行机械加工工艺规程时,粗基准总是第一道机械加工工序所采用的定位基准。

另外,零件上为了满足机械加工工艺的需求而进行专门设计的定位基准叫作附加基准。例如,常用顶尖孔定位进行轴类零件的加工,顶尖孔就是专门为机械加工工艺而设计的附加基准。

②测量基准,是指在进行加工时或者加工完成以后用于测量工件的形状、位置与尺寸误差所采取的基准。

③装配基准,是指在进行装配时,在产品中用于决定零、部件的相对位置所采取的基准。

2)定位基准的选择

(1)一般原则。内容如下:

①挑选尺寸最大的表面当作安装面(限制 3 个自由度),挑选距离最长的表面作为导向面(限制 2 个自由度),挑选尺寸最小的表面当作支承面(限制 1 个自由度)。如图 1-7 所示,在该零件中,要求所加工的孔与端面 M 垂直。显而易见,用 N_1 面定位的加工精度比较高。

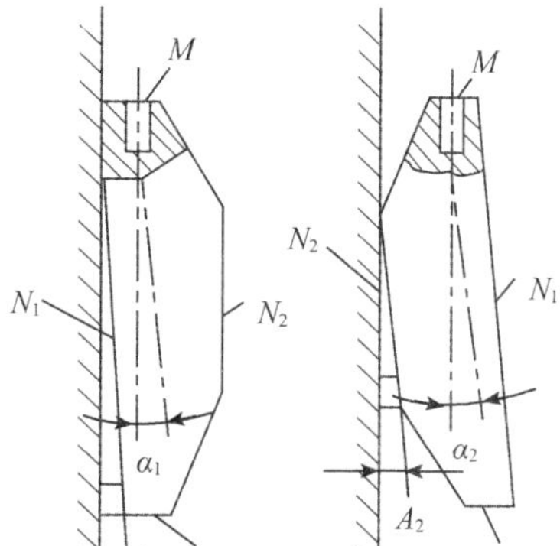

图 1-7　选最长距离的面为导向面

②首先对保证空间位置精度进行考虑，然后对保证尺寸精度进行考虑。原因是在加工中保证空间位置精度与保证尺寸精度相比，要困难得多。如图 1-8 所示，在该主轴箱零件中，其主轴孔轴线距离 M 面的长度为 z，距离 N 面的长度为 x。因为主轴孔穿通箱体的前后壁，且要求与 M 面、N 面平行，所以要把 M 面当作安装面，对 $\vec{Z}$ 、$\overset{\frown}{X}$ 、$\overset{\frown}{Y}$ 这 3 个自由度进行限制，把 N 面当作导向面，对 $\vec{X}$ 和 $\overset{\frown}{Z}$ 这 2 个自由度进行限制。为了确保这些空间位置，M 面与 N 面的加工精度一定要非常高。

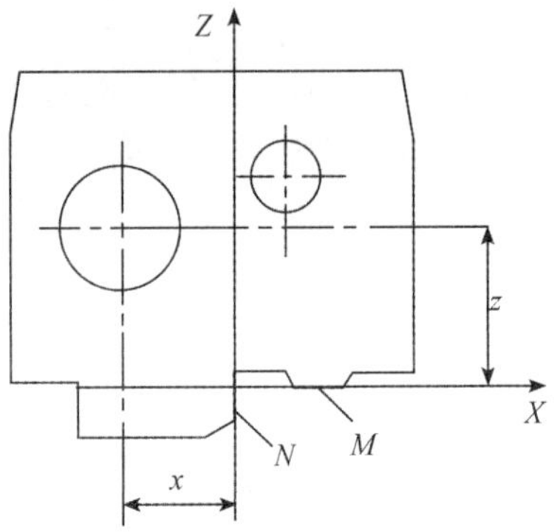

图 1-8　空间位置精度的保证

③要尽可能地把零件的主要表面选为定位基准。原因是其他表面主要取决于主要表面，也即主要设计基准。如图 1-8 所示，在该主轴箱零件中，主要表面是 M 面和 N 面，许多表面位置的决定均取决于这两个表面。挑选主要表面当作定位基准，能够让设计基准与定位基准互相重合。

④选定的定位基准要便于夹紧，在加工时可靠稳定。

(2)粗基准的选择。内容如下：

对粗基准进行选择要使非加工面与加工面之间的位置精度得到保证，对所有加工的余量进行合理的分配，并将精基准提供给接下来的工序。粗基准的选择原则如下：

①选加工余量小的面做粗基准，以保证各加工面都有足够的加工余量。

②选重要表面为粗基准，以保证重要表面的加工余量均匀。

图 1-9 为床身零件加工时的粗基准选择。若如图(a)所示选床腿面为粗基准，由于毛坯尺寸的误差导致床身导轨面的余量不均匀，一方面增加了整个的加工余量，同时加工后导轨面各处的硬度可能不均匀；若如图(b)所示选床身导轨面为粗基准，则以床腿面为精基准加工导轨面时，将使导轨面的余量均匀。

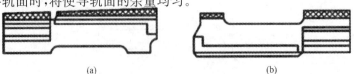

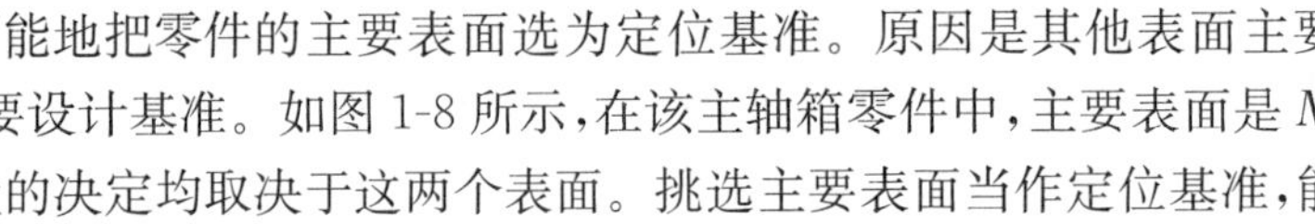

图 1-9　床身零件加工时的粗基准选择

③选择不进行加工的表面作为粗基准，以使不加工表面与加工表面之间的相对位置要求得到满足，同时能够在一次安装下生产出更多的表面。如图 1-10 所示的零件加工就是一个实例。

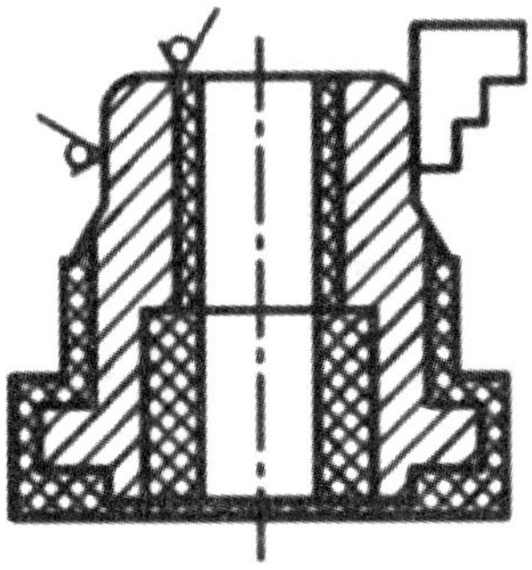

图 1-10　选不加工表面为粗基准

④应选平整、光洁、面积较大的表面作粗基准，躲避一些缺陷，如锻造飞边和铸造绕冒口、分型面、毛刺等，以确保可以准确定位，夹紧可靠。

⑤粗基准一般只能使用一次。因为粗基准为非加工面，定位基准位移误差较大，如重复使用，将造成较大的定位误差，不能保证加工要求。因此，在制定工艺规程时，加工出精基准通常是第一道工序与第二道工序共同的目标。

(3)精基准的选择。选择精基准的原则主要体现在以下方面：

①基准重合原则。将选择的设计基准当作定位基准就叫作基准重合原则。这样做的原因是可减小出于基准不重合导致的基准不重合误差。例如，图 1-11 为主轴箱箱体零件中，主轴孔轴线在垂直方向的尺寸 B_2 的设计基准是箱底面。加工主轴孔时，若采用箱底面作为定位基准，则可直接保证尺寸 B_2，避免基准不重合误差。有些制造厂考虑到主轴是三个支承，内壁上也有孔，为了提高镗杆的刚性以保证三个孔的同轴度，在夹具上设计了三个镗模板，其中一个置于箱体内，这样就需要把箱体倒置，以箱盖面为定位基准，但会造成基准不重合误差。

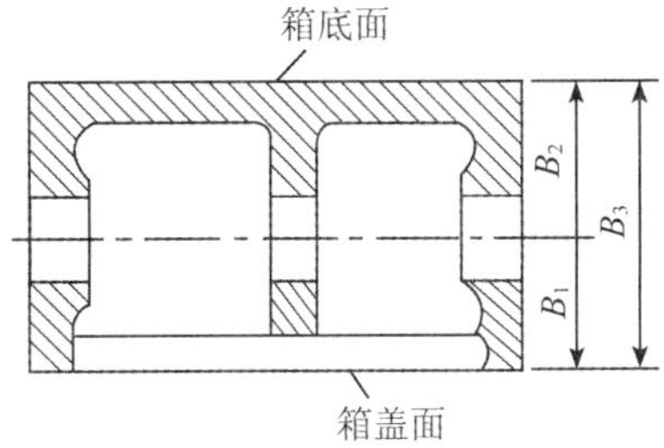

图 1-11　基准重合原则

②基准统一原则。基准统一原则是指为了使夹具的数量与类型得以减少或为了实施自动化生产，在加工零件的过程中要竭力选取统一的定位基准。运用统一基准，通常

有基准不重合的现象发生。因此，基准重合原则和基准统一原则是有矛盾的，应根据具体情况进行处理。图 1-12 所示的活塞零件在自动化生产中多采用裙部的止口作为统一的定位基准，但是销孔在垂直方向的尺寸 C_1 的设计基准是顶部端面，这样在加工销孔时就不会产生基准不重合误差。

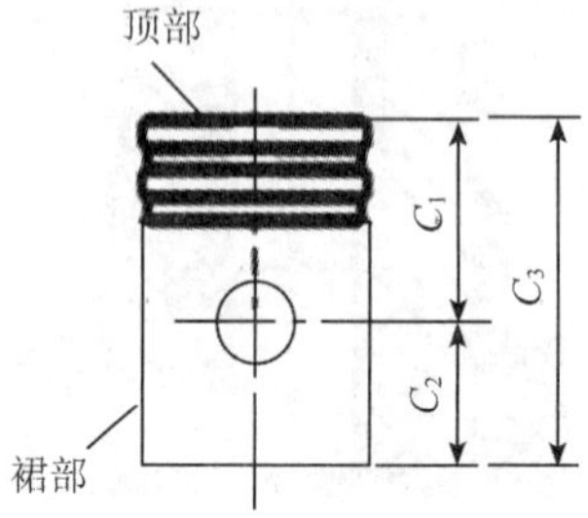

图 1-12　基准统一原则

③互为基准原则。在对一些空间位置精度要求非常高的零件实施加工时，往往要使用互为基准、反复加工的原则。比如，车床主轴的前后轴颈与前锥孔有很高的同轴度要求（见图 1-13）。在工艺上要首先以前后轴颈定位加工通孔、后锥孔和前锥孔，其次以前锥孔及后锥孔（附加定位基准）定位加工前后轴颈。通过多次的重复，经由粗加工、半精加工直到精加工，最终以前后轴颈定位，对前锥孔进行加工，确保比较高的同轴度。

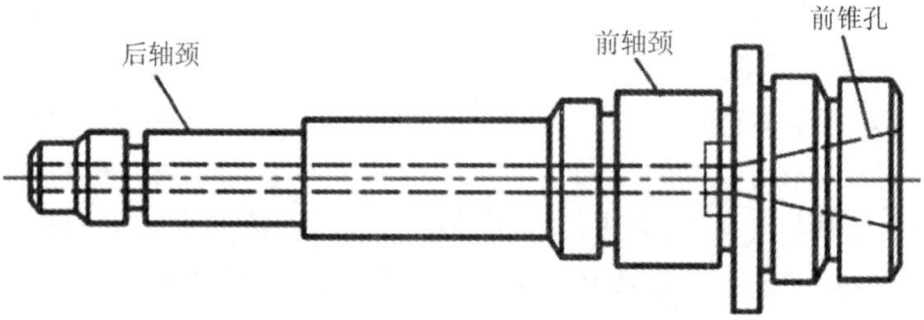

图 1-13　互为基准原则

④自为基准原则。在对一些精度要求较高的表面进行精加工时，为了使其加工精度得到保证，需要加工表面要有极小且均匀的余量，往往把加工面本身当作定位基准，这就叫作自为基准原则。例如，连杆小头孔加工的最后一道工序是金刚镗孔，就是以小头孔本身定位（见图 1-14）待夹紧后将定位元件移去，再进行加工。

以上粗精基准选择的各项原则，都是从某一方面提出的要求。有时，这些要求之间会出现相互矛盾的情况。在实际运用中应根据具体情况，全面辩证地进行分析，分清主次，解决主要矛盾。

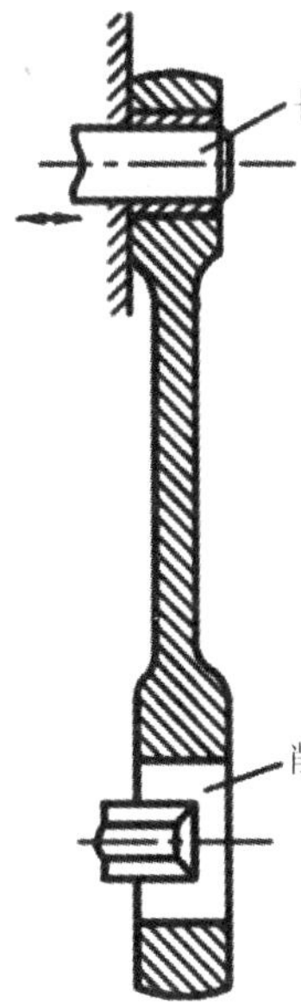

图 1-14　自为基准原则

1.2.3.4　工艺路线的拟定

工艺规程制定的关键是对工艺路线进行拟定，其包含的主要内容有对所有加工表面的加工方法进行选择、对工序的先后顺序进行安排，以及对工序的分散程度与集中进行确定等。工艺路线除了对加工效率与质量产生影响外，还对工人的劳动强度、车间面积、设备投资、生产成本等造成影响。因此，必须进行各种方案的分析比较。

1)表面加工方法的选择

要精确地抉择出加工方法，除了要对不同类型的加工方法的特点进行了解，还要正确把握加工经济精度、粗糙度的基本概念。

(1)加工经济精度和经济粗糙度的概念。在正常加工的前提(设备与工艺装备应满足质量标准，工人要具备标准技术等级，以及加工的时限不加长)下能够确保的加工精度叫作加工经济精度，其概念相似于经济精度的概念。

外圆表面、内孔表面以及平面加工方案及其经济精度和粗糙度见表 1-3～表1-5。

(2)表面加工方法的选择。对零件表面加工方法进行挑选时，往往首先通过查表或经验来决定，其次是依据实际情况或经过工艺试验实施修改。由表 1-3～表 1-5 中的数据可以看出，符合相同精度要求的加工方法有很多种，因此，在选择时应注意考虑以下因素：

表 1-3　外圆表面加工方案及其经济精度和粗糙度

加工方案	经济精度公差等级	表面粗糙度/μm	适用范围
粗车 └→半精车 　└→精车 　　└→滚压(或抛光)	IT11～13 IT8～9 IT7～8 IT6～7	*Rz*50～100 *Ra*3.2～6.3 *Ra*0.8～1.6 *Ra*0.08～0.20	适用于除淬火钢以外的金属材料
粗车→半精车→磨削 　└→粗磨→精磨 　　└→超精磨	IT6～7 IT5～7 IT5	*Ra*0.40～0.80 *Ra*0.10～0.40 *Ra*0.012～0.10	主要适用于淬火钢件的加工,不宜用于有色金属件的加工
粗车→半精车→精车→金刚石车		*Ra*0.025～0.40	主要用于有色金属加工
粗车→半精车→粗磨→镜面磨 　└→精车→精磨→研磨 　　└→粗研→抛光		*Ra*0.025～0.20 *Ra*0.05～0.10 *Rz*0.025～0.40	主要用于高精度要求的钢件加工

表 1-4　内孔表面加工方案及其经济精度和粗糙度

加工方案	经济精度公差等级	表面粗糙度/μm	适用范围
钻 └→扩 　└→铰 　└→粗铰→精铰 └→铰 └→粗铰→精铰	IT11～13 IT10～11 IT8～9 IT7～8 IT8～9 IT7～8	*Rz*≥50 *Rz*25～50 *Ra*1.60～3.20 *Ra*0.80～1.60 *Ra*1.60～3.20 *Ra*0.80～1.60	适用于加工未淬火钢及铸铁的实心毛坯,也可用于加工有色金属(所得表面粗糙度 *Ra* 值稍大)
钻→扩→拉	IT7～8	*Ra*0.025～0.40	适用于大批大量生产(精度依拉刀精度而定)。校正拉削后,*Ra* 值可降低至 0.40～0.20
粗镗(或扩) └→半精镗(或精扩) 　└→精镗(或铰) 　　└→浮动镗	IT11～13 IT8～9 IT7～8 IT6～7	*Ra*25～50 *Ra*1.60～3.20 *Ra*0.80～1.60 *Rz*0.20～0.40	适用于加工除淬火钢外的各种钢材(毛坯上已有铸出或锻出的孔)

续表 1-4

加工方案	经济精度公差等级	表面粗糙度/μm	适用范围
粗镗(或扩)→半精镗→磨 └→精磨→精磨	IT7～8 IT6～7	Ra0.20～0.80 Ra0.10～0.20	主要用于淬火钢，不宜用于有色金属
粗镗→半精镗→精镗→金刚镗	IT6～7	Ra0.05～0.20	主要用于精度要求高的有色金属
钻→(扩)→粗铰→精铰→珩磨 └→拉→珩磨 粗镗→半精镗→精镗→珩磨	IT6 IT6～7 IT6～7	Ra0.025～0.20 Ra0.025～0.20 Ra0.025～0.20	对精度要求很高的孔，以研磨代替珩磨，精度可达IT6以上，Ra可降低至0.1～0.01

表 1-5　平面加工方案及其经济精度和粗糙度

加工方案	经济精度公差等级	表面粗糙度/μm	适用范围
粗车 └→半精车 　├→精车 　└→磨	IT11～13 IT8～9 IT7～8 IT6～7	Rz≥50 Ra3.20～6.30 Ra0.80～1.60 Ra0.20～0.80	适用于工件的端面加工
粗刨(或粗铣) └→精刨(精铣) 　└→刮研	IT11～13 IT7～9 IT5～6	Rz≥50 Ra1.60～6.30 Ra0.10～0.80	适用于不淬硬的平面加工(端铣加工的表面粗糙度较低)
粗刨(或粗铣)→精刨(精铣) └→宽刃精刨	IT6～7	Ra0.20～0.80	适用于较大批量生产，宽刃精刨的效率较高
粗刨(或粗铣)→精刨(精铣)→磨 └→粗磨→精磨	IT6～7 IT5～6	Ra0.20～0.80 Ra0.025～0.40	适用于精度要求较高的平面加工
粗铣→拉	IT5～6 IT5以上	Ra0.025～0.20 Rz0.025～0.10	适用于大量生产中加工较小的不淬火平面
粗铣→精铣→磨→研磨 └→抛光	IT5～6 IT5以上	Ra0.025～0.20 Rz0.025～0.10	适用于高精度平面的加工

①工件材料的性质。譬如，采用磨削对淬火钢实施精加工，磨削时，为了防止砂轮产生堵塞现象，采用高速精细车或精细镗（金刚镗）对有色金属进行精加工。

②工件的形状和尺寸。比如，镗、铰、拉和磨削等均能适用于公差为 IT7 的孔。然而，箱体上的孔采用磨或拉通常不合适，宜选用镗孔（大孔时）或铰孔（小孔时）。

③生产类型。选取的加工方法应与生产类型互相适应。大批量、大量生产选取的加工方法要具有生产率高和质量稳定的特性，单件、小批量生产则选择通用的加工方法。如平面和孔的加工，大批量生产采用拉削加工，单件、小批量生产则采用刨削、铣削平面和钻、扩、铰孔。因大批量、大量生产可以选用精密毛坯，所以能够使机械加工得到简化，比如在制造毛坯以后，可直接进入磨削加工。

④现有设备与技术条件。要尽量使用工艺手段与设备，使企业的潜力得到激发，发挥工程技术人员和工人的积极性。同时，积极使用新工艺与新技术，持续地提升工艺水准。

⑤特殊要求。例如表面纹路方向的要求，铰削及镗削的纹路方向与拉削的纹路方向不一样等，要按照图样的要求挑选相对应的加工方法。

2）安排工序的先后顺序

在制造复杂的零件时需要经过多种工序，如切削加工、热处理与各种辅助工序。在进行工艺路线的拟定时，要实施综合分析，计划一个科学的加工顺序。这对确保零件的品质、提升生产效率、缩减加工费用都是十分关键的。

（1）工序顺序的安排原则。

①首先对基准面实施加工，其次对其他表面实施加工。这个原则的具体含义主要体现在以下方面：安排的加工面应是将定位基准定为精基准面，接下来根据精基准定位，对其他表面实施加工；为了使定位精度有一定的保障，当加工面具有非常高精度的需求时，往往将精修精基准放在精加工之前。举例说来，对于有很高精度的轴类零件，如机床主轴、丝杠等，它的第一道机械加工工序是铣端面，打中心孔，继而通过顶尖孔定位对其他表面实施加工。

②正常情况下，首先要对平面实施加工，接下来是对孔进行加工。这个原则包括的含义是指当零件上出现比较大的平面能够作为定位其准时，可以首先把它生产出来当作定位面，通过面定位对孔进行加工。如此能够确保稳定和准确地定位，对工作实施安装通常也非常方便。在毛坯面上实施钻孔操作，极易引偏钻头。对于需要实施加工的平面，要先对平面进行加工再进行钻孔，在对某项精度有特殊要求等情况下也是有例外的。例如，手铰车床主轴箱主轴孔止推面时，为了保证止推面与主轴轴线垂直度要求，精镗主轴孔后，以孔定位手铰止推面。

③首先要对主要表面实施加工，其次是加工次要表面。这个原则中的主要表面包括主要工作面与设计基准面，次要表面是指如螺孔、键槽等其他表面。鉴于往往有相互位置精度要求介于主要表面与次要表面之间，于是常常在主要表面达到一定精度以后，再通过主要表面定位加工次要表面。值得注意的是，“后加工”的内涵并不一定是所有工艺

过程的末尾。

④第一步要进行粗加工工序，其次是进行精加工工序。一些精度与表面质量需求不低的零件，实施粗精加工时，要分开进行。

(2)热处理工序及表面处理工序的安排。

为了使工件材料所具有的切削性能得到革新而进行的如正火、退火等热处理工序，要在切削加工之前优先计划与安排。

为了使工件的内应力得到消除而实施的如退火、正火、人工时效等热处理工序，最好将其放在精加工以后。有些时候，为了使运输工作量得以缩减，一些对于精度需要很低的零件，在进行切削之前，要往往先去除内应力的人工时效或退火。

为了使力学物理性质得到革新，在进行半精加工以后，精加工以前往往要计划或安排一系列的热处理工序，如淬火、淬火一回火、渗碳淬火等。对于整体淬火的零件，要先将各个应切削加工的表面完成加工后才可以进行淬火。原因是淬硬以后，再实施切削加工非常不容易。有时高频感应加热淬火、渗氮等变形非常小的热处理工序可以放在精加工之后实施。对于量块、铰刀、精密丝杠等精度要求不低的精密零件，往往要将冷处理工序放在淬火之后，从而达到稳定零件尺寸的目的。

为了让零件的耐腐蚀性与表面耐磨性得以提升而布置的热处理工序，以及为了装饰而布置的热处理、表面处理(比如镀铬、镀锌、发蓝处理等)工序，往往都布置在工艺过程的最终阶段。

(3)辅助工序的安排。

辅助工序的类型非常多，如检验、平衡、去磁、清洗等，也是构成工艺规程的重要部分。

保障产品质量达到合格的重要工序之一就是检验工序。工人在进行操作时和完成操作后都要进行自检。在工艺规程中，存在以下情况要实施专门的检验工序：加工完零件后，将零件由一个车间向另一个车间转移的前后，工时比较长或者主要的核心工序的前后。

除通常性的形状、位置误差等尺寸检查外，广泛应用在工件(毛坯)内部质量检查的方法有X射线检查、超声波探伤检等。往往将其部署于工艺过程的开始。荧光检验、磁力探伤的作用是检验工件表面的质量，往往进行于精加工的前后。而通常放在工艺过程末尾阶段的是密封性检验、零件的重量检验、零件的平衡等。

切削加工进行以后，要实施去毛刺操作。毛刺出现于零件内部或表层会对装配质量、操作产生影响，严重的还对整机性能造成影响，所以要给予足够的关注。

在对工件进行装配以前，往往要对其进行清洗处理。切屑很容易存留于工件的内孔、箱体的内腔中，因此，执行清洗操作时要更加注意。光整加工工序如研磨、珩磨等进行以后，在工件表面会有砂粒黏附其上，清洗时要十分仔细、认真，不然会导致零件在使用中的磨损恶化。对于利用磁力夹紧工件的工序，工件被磁化，要进行去磁操作，且在去磁以后还要安排清洗。

3)工序的集中与分散

拟定工艺路线过程中明确工序内容的多少有以下原则,即工序集中和工序分散,它们和对设备类型进行选择有非常紧密的联系。

工序集中指的是使所有工序中涵盖尽量多的加工内容,由此来缩减工序的总数量,安装工件的次数与夹具的数量也随之缩减。工序分散是指把工艺路线中的加工内容分布在很多的工序中实现,于是各道工序就会有非常少的加工内容。例如,最少的时候,一道工序中只有一个简单工序,但是工艺路线比较长。

工序的集中有其自身的特点,工序的分散也是一样。工序集中对保障所有加工面间的相互位置精度需要具有很大的作用,有益于高生产率机床的利用,减少工件的安装时间,缩减搬动工件的次数。工序分散能够让各个工序使用很简单的设备与夹具,易于调整与对刀,而且关于操作工人的技术标准需求也很低。

工序分散的组织形式大多使用于一般的自动线生产和流水线生产中,该组织形式虽然能够完成极高的生产率,然而适应性非常差。对于工序相对集中,专用组合机床使用生产线非常多的情况来说,难于转产。

通过利用高效率的自动化机床,使用工序集中的方式进行组织生产。例如,利用加工中心机床进行组织生产就是一个比较典型的例子,除上面阐述的工序集中的优势外,比较强的生产适应性、易于转产的优点也是其所具备的。

对于高加工精度要求的零件,往往要将工艺过程分不同的加工阶段,工序一定要比较分散。

1.3 机械加工表面质量

1.3.1 机械加工表面质量的含义

零件在通过机械加工以后,在其已加工表面上深度为几微米到几百微米的表面层造成的物理机械性能的改变和表面层几何形状误差叫作机械加工表面质量。也就是说,机械加工表面质量主要由表面层几何形状误差和表面层物理机械性能两部分组成。

1.3.1.1 表面层几何形状误差

表面粗糙度与浓度构成了表面层几何形状误差。表面层微观几何形状误差叫作表面粗糙度,是实施切削操作以后刀刃于被加工表面上造成的凹凸不平的印迹。存在于表面粗糙度与加工精度间的周期性几何形状误差叫作波度,其形成的主要原因是在进行加工时工艺系统的振动。

1.3.1.2　表面层物理机械性能

在进行切削加工操作时，表面层的金属材料可导致物理、机械和化学性质产生改变，主要涵盖如下变化：

(1)表面层硬化。在实施机械加工时，工件表面层金属会有明显的塑性变形产生，提升了表面层的硬度，这就是表面冷作硬化。

(2)表面层残余应力。在进行磨削或切削加工时，因切削热和切削变形的影响，对表面层进行加工会造成残余应力。残余应力的性质(拉应力或压应力)、方向、大小，以及分布情况对使用零件的性能会造成极大的影响。

(3)表面层金相组织变化。其主要包括晶粒大小和形状、析出物和再结晶等的变化。例如，磨削淬火零件时，磨削烧伤引起表面层金相组织由马氏体转为屈氏体、索氏体，表面层硬度降低。

(4)表面层内其他物理机械性能的变化。这些变化有多种，如极限强度、疲劳强度、磁性和导热性等。

1.3.2　表面质量对零件使用性能的影响

无论是什么机械加工出来的零件表面，事实上均非绝对的理想表面，进行加工的表面总会有一定程度的问题，如微观几何误差、金相组织的变化、加工硬化、残余应力等。上面阐述的问题尽管只出现在非常薄的表面层中，然而仍对机械零件的疲劳强度、抗腐蚀性、配合质量等产生影响，从而影响产品的使用性能和使用寿命。

1.3.2.1　表面质量对零件耐磨性的影响

影响零件耐磨性的因素有两个，即润滑条件和摩擦副的材料。然而，在条件确定的情况下，起决定性作用的则是零件的表面质量。因为两个相互摩擦零件配合时，并非所有表面都相互接触，接触的仅是一些凸峰，如图 1-15 所示，其实际接触面很小。由试验可知，精车过的表面有 15%～20%的实际接触面积，精磨过的有 30%～50%的表面，而研磨过的则有 90%～97%的表面。

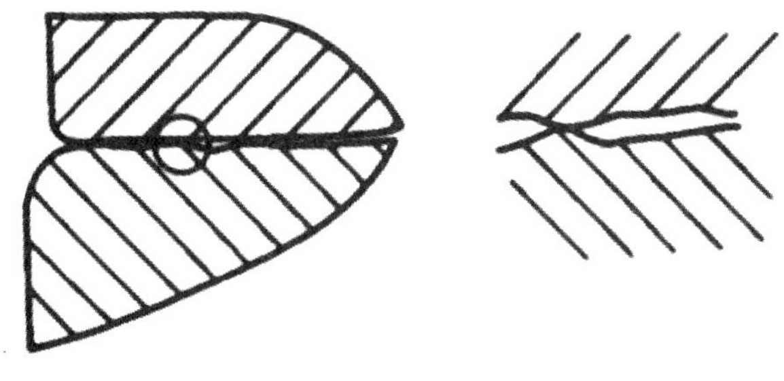

图 1-15　零件配合表面接触情况

零件的磨损情况，如图 1-16 所示。图 1-17 为初期磨损量与表面粗糙度的关系曲线。

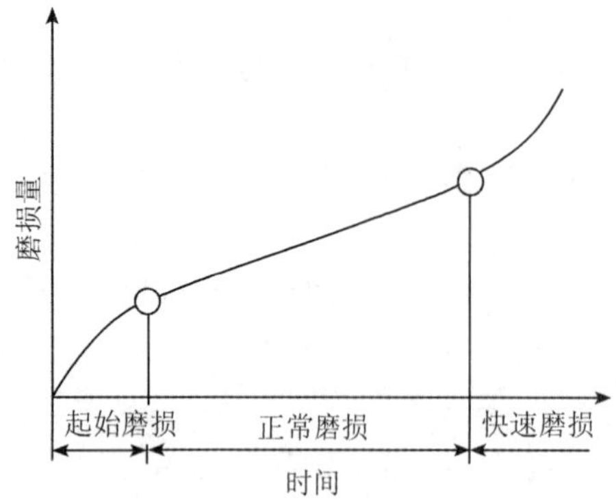

图 1-16　零件的磨损情况

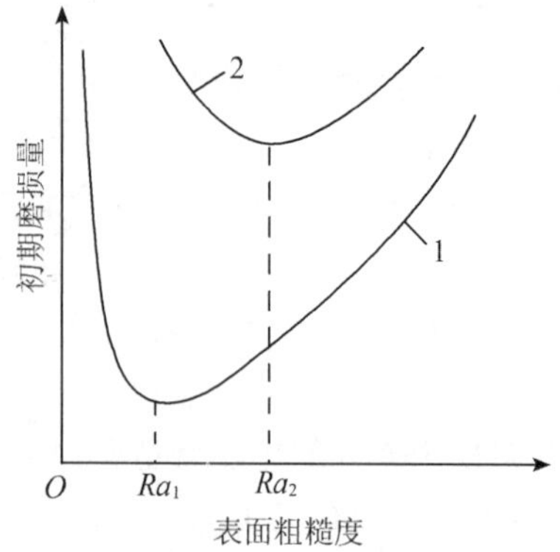

图 1-17　初期磨损量与表面粗糙度的关系

1—轻负荷；2—重负荷

图 1-17 表明，零件表面之间并不是粗糙度值越小越耐磨。通过图 1-17 可知，在一定工作要求下，摩擦副表面会出现一个最佳粗糙度值（图中 Ra_1、Ra_2），初期磨损量最小，过大或过小的表面粗糙度值都会使初期磨损加剧。因为在一定工件情况下，若粗糙度值过大，那么表面上粗糙不平的凸峰就会紧密结合、挤裂，甚至切断加重，随之也加重了磨损。反过来说，若表面粗糙度值过小（$<0.05\mu m$），那么就会使表面存储润滑液具有极差的性能。如果润滑要求变坏，密切接触的两个表面就会有分子黏合现象发生，由此产生咬合，使磨损加剧。一般最佳表面粗糙度值为 $0.32\sim1.25\mu m$。

表面纹理方向也影响耐磨性。轻载荷时，当两个表面纹理有相同的纹理方向和运动方向时，磨损量会很小；当两个表面纹理方向与运动方向垂直时磨损量大。重载荷时的规律是不一样的。

对表面层进行加工硬化，通常可以提升耐磨性 0.5～1 倍，原因是加工硬化可以使表面层的硬度与强度得到提升。

1.3.2.2　表面质量对零件疲劳强度的影响

在交变载荷影响下，零件表面的很多部位如凹谷、划痕和裂纹等极易发生应力集中，出现疲劳裂纹，造成零件的疲劳损坏。表面越粗糙，应力集中越严重。因此减小表面粗糙度值，可以提高零件的抗疲劳强度。不同材料对应力集中的敏感程度也不相同，通常来说，钢的极限强度越高，应力集中的敏感程度就会越大，表面粗糙度影响抗疲劳强度的程度就越大。

表面层的冷硬能够防止表层产生疲劳裂纹，提升零件的抗疲劳强度。然而过大的冷硬程度，相反会造成裂纹，使零件的抗疲劳的强度得到减低，所以要控制冷硬程度与深度于一定界限内。

表面层的残余压应力能部分抵消工件承受的拉应力，使疲劳裂纹扩展的速度慢下来，提升零件的抗疲劳强度；否则，零件表面层有残余拉应力产生时，加重了疲劳裂纹，导致零件的抗疲劳强度变低。

1.3.2.3　表面质量对配合性质的影响

表面粗糙度数值过大，对于间隙配合，可产生非常大的初期磨损。由于加大了配合间隙，所以导致配合精度降低。对于过盈配合表面，在进行装配时，因压平了表面上的凸峰，使得实际配合过盈量得到了缩减，同时也使配合精度得到了降低。

表面的加工硬化也会对配合的性质产生作用，硬化合理可降低表面变形，提升接触刚度。但是硬化过度，表面金属层受到力后或许会与内部金属分离，由此使配合精度得以降低。表面残余应力经过一段时间后会引起应力重新分布而产生变形，因此过大的残余应力会导致零件工作精度下降，从而影响零件的配合性质。

1.3.2.4　表面质量对零件耐腐蚀性的影响

零件在介质中工作时，腐蚀性介质会对金属表层产生腐蚀作用。表面粗糙的凹谷，极易积存腐蚀性介质，从而导致电化学腐蚀与化学腐蚀，如图 1-18 所示。腐蚀性介质按箭头方向产生侵蚀作用，逐渐渗透到金属的内部，使金属层剥落、断裂形成新的凹凸表面。然后，腐蚀又由新的凹谷向内扩展，这样重复下去会使工件的表面遭到严重的破坏。表面光洁的零件，凹谷较浅，沉积腐蚀介质的条件差，不太容易腐蚀。凡零件表面存在有残余拉应力，都将降低零件的耐腐蚀性。零件表层残余压应力和一定程度的强化都有利于提高零件的抗腐蚀能力。

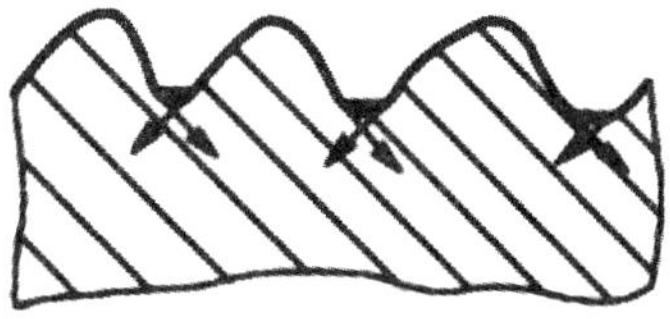

图 1-18　表面腐蚀过程

1.3.2.5　其他影响

表面质量影响零件的使用性能还有一些别的方面。例如，对于未密封件的滑阀、液压缸来讲，粗糙度值降低能够使泄漏减少，使其密封性得到提高，表面粗糙度值较低能够让零件具有的接触刚度较高；对于滑动零件来说，降低粗糙度值可以降低摩擦系数，促使运动的灵活性得到提升，降低发热与功率损失。在利用零件时，表面层的残余应力会引起零件继续变形，丢掉了原有的精度，降低了机器的工作质量。

1.3.3　表面粗糙度及其影响因素

影响表面粗糙度的因素分为三类：第一类是与切削刀具有关的因素，第二类是与工件材质有关的因素，第三类是与加工条件有关的因素。下面就切削加工和磨削加工中影响表面粗糙度的因素分别加以阐述。

1.3.3.1 切削加工后的表面粗糙度

当刀具对工件实施进给运动操作时，在加工表面上留存的切削层残留面积叫作影响加工表面粗糙度的几何因素（见图 1-19）。切削层遗留下来的面积越大，表面粗糙度的值则会越高。减小切削层残留面积主要有以下策略：减小进给量 f，减小刀具的主、副偏角 κ_r、κ'_r，增大刀尖半径 r_ε 等。提高刀具的刃磨质量，避免刃口表面粗糙度在工件表面上的“复映”，也是降低加工表面粗糙度的有效措施。

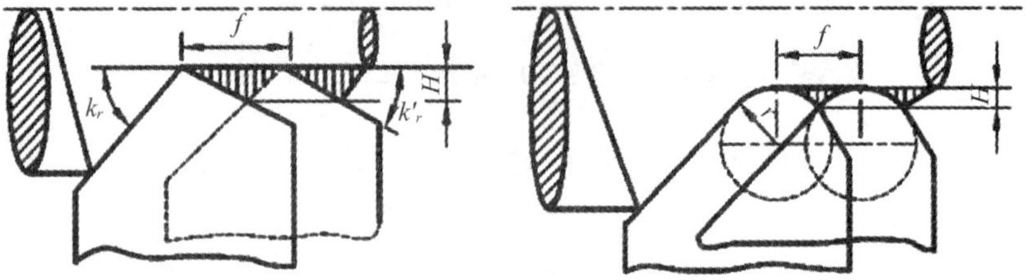

图 1-19　切削层残留面积

事实上，切削加工后表面粗糙度的轮廓形状往往不同于通过几何因素构成的理想轮廓，原因是具有与被加工材料的性质及切削机理有关的物理因素。在实施切削操作时，刀具刃口圆角及刀具后刀面的摩擦与挤压会导致金属材料产生塑性变形，从而使理想残留面积沟纹加深或被挤歪，并使表面粗糙度增大。图 1-20 表示垂直于切削速度方向的粗糙度，称为“横向粗糙度”。图中的实际轮廓是综合物理、几何因素的结果。沿切削方向的粗糙度，称为“纵向粗糙度”，主要由物理因素造成。

图 1-20　加工后表面的实际轮廓和理想轮廓

采用低切削速度对低碳钢、不锈钢、高温合金、铝合金等塑性金属材料进行加工时，极易产生鳞刺和积屑瘤，严重恶化了加工表面粗糙度，变成了对加工表面质量产生影响的主要问题。

如图 1-21 所示，切削过程中出现的是不稳定的积屑瘤，它无休止地形成、生长，然后在工件上停留或附着在切屑上被带走。因为积屑瘤变大后有时能伸出切削刃之外，它的轮廓又非常不规则，所以会在加工表面上产生宽窄和深浅都无休止改变的刀痕，增大了表面粗糙度。此外，部分积屑瘤碎屑会嵌在工件表面上，形成硬质点。

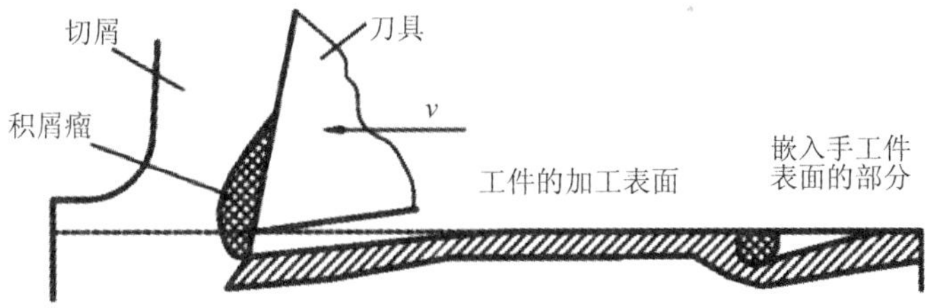

图 1-21 积屑瘤对工件表面质量的影响

所谓鳞刺，是指已加工表面上出现的鳞片状毛刺。在较低的切削速度下，用高速钢、硬质合金或陶瓷刀具切削一些常用的塑性金属（如低碳钢、中碳钢、不锈钢、铝合金、紫铜等）时，在车、刨、插、钻、拉、滚齿、螺纹车削、板牙铰螺纹等工序中，都可能出现鳞刺。鳞刺对表面粗糙度有严重影响，是切削加工中获得较低粗糙度的重要障碍。如图 1-22 所示，鳞刺的形成过程可分为如下四个阶段：

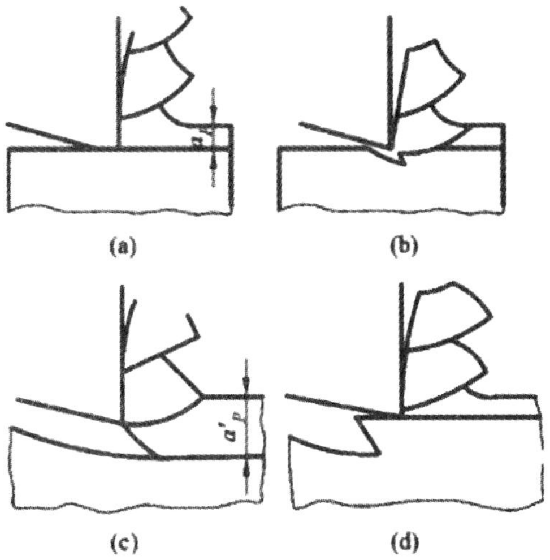

图 1-22 鳞刺形成过程

（1）抹试阶段。前一鳞刺已形成，新的鳞刺还没有产生时，切屑顺着前刀面流出，通过使用方才切离的新鲜表面对刀一屑摩擦面实施抹拭操作，慢慢地将起润滑功能的吸附膜抹拭干净，以慢慢增大摩擦系统；同时，也增大了刀具与切屑的实际接触面积，给冷焊刀一屑两相摩擦材料提供了条件，如图 1-22(a)所示。

（2）导裂阶段。因为在上一阶段中，前刀面摩擦面上具有润滑作用的吸附膜已经被切屑抹拭干净。而切屑和前刀面间又有着非常大的压力作用，引起刀具与切屑有冷焊的现象产生，在前刀面上让切屑驻留，短时期内不会顺着前刀面流出。实际上，这时候的挤压是由切屑替代前刀面进行的，刀具本身唯一的功能是切削，这使得在切削刃的前下方向，有裂口产生于切屑与加工表面之间，如图 1-22(b)所示。

（3）层积阶段。因为切削运动是持续不断进行的，前刀面上一出现切屑，于是就由它替代刀具不间断地对切削层实施挤压，让切削层中遭到挤压的金属形成切屑。这些新形成的切屑的金属，唯有在具有挤压功能的那部分切屑的下方慢慢聚积。如果这些金属聚积并且形成切屑，就会即刻介入挤压切削层的工作。由于层积过程的发展，切削厚度会慢慢变大，切削力也会随着增大，如图 1-22(c)所示。

(4)刮成阶段。由于切削厚度在持续地变大，切削抗力也在持续变大，促使切屑顺着前刀面流出的切削分力 F_y 也在变大。金属层聚积到一定的厚度以后，F_y 随之变大至可以使切屑重新流出的程度，推动切屑再一次开始顺着前刀面流出，让鳞刺的顶部被切削力刮出来，如图 1-22(d)所示。到此为止，一个形成鳞刺的整个过程就完成了。下一步的工作是另一个新的形成鳞刺的过程就又开始了。这样不间断地循环进行，就会不断地有大量的鳞刺出现在工作加工表面上。

在导裂与层积阶段中，切屑是在刀具前刀面上进行停留的；在抹拭和刮成阶段中，切屑是沿着前刀面流出的。切屑交替地进行流出与停留，而且交替的频率很高。

站在物理因素的视角来看，要使表面粗糙度得到降低主要的方法是降低加工时的塑性变形，预防出现积屑瘤与鳞刺。其影响因素主要包括以下方面。

1)切削速度的影响

由实验可以知道，切削速度越快，那么在实施切削时，就会有越小的切屑与加工表面的塑性变形，表面粗糙度也就会越低。积屑瘤与鳞刺均是在切削速度比较低的范围出现的，对于不同的工件材料、刀具材料、刀具前角，该切削速度范围也不相同。采用较高的切削速度有利于防止积屑瘤、鳞刺的产生。不同切削速度与表面粗糙度的关系曲线如图 1-23 所示。其中，虚线是指受积屑瘤影响时的情况，而实线则指的是仅受塑性变形影响的情况。

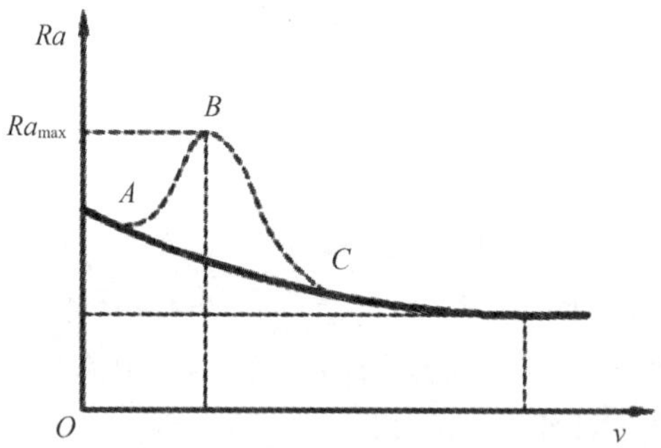

图 1-23　切削速度与表面粗糙度的关系曲线

2)被加工材料性质的影响

通常来说，塑性材料具有的韧性越大，加工以后的表面粗糙度就会变得越差。经过加工之后的脆性材料的表面粗糙度与理想表面粗糙度非常相近。对于相同的材料，越粗大的晶粒组织，在进行加工以后也就会有越差的表面粗糙度。于是，为了使表面粗糙度在加工以后可以缩小，往往在进行切削加工以前要对材料进行调质处理操作，由此来获取细密均匀的晶粒组织、合适的硬度。

3）刀具的几何形状、材料、刃磨质量的影响

刀具的前角 γ_0 极大地影响着切削时的塑性变形。当加大前角时，塑性变形的程度就会变小，表面粗糙度也会减低。当前角呈负值时，塑性变形增大，表面粗糙度也随着增大。后角 α_0 过于小会使摩擦增大，刃倾角 λ_s 的大小会对刀具的实际工作前角造成影响，所以全部会对加工后的表面粗糙度产生影响。

刀具的材料与刃磨质量对积屑瘤、鳞刺等现象影响甚大。例如，用金刚石车刀粗车铝合金时，由于摩擦系数较小，刀面上不会产生切屑的黏附、冷焊现象，因此能降低表面粗糙度。降低前、后刀面刃磨后的表面粗糙度，也能起到同样的作用。

1.3.3.2　磨削加工后的表面粗糙度

1）磨削加工的特点

（1）与金属切削刀具的切削过程相比，磨削过程要复杂很多。砂轮在对工件进行磨削时，在砂轮表面上的磨粒所分布的高度是不同的。磨粒通常分为 3 个磨削过程，有滑擦阶段、刻划阶段和切削阶段。然而对整个砂轮来说，滑擦作用、刻划作用与切削作用是同步产生的。

（2）砂轮的磨削速度高。磨削时，砂轮线速度为 $v_{砂}=30\sim50\text{m/s}$，目前高速磨削发展很快，$v_{砂}=80\sim125\text{m/s}$。通常磨粒是负前角，有极大的单位切削力，因此就会存在非常高的切削温度，在磨削点周围有高达 800～1 000℃的瞬时温度。这种高温度通常会导致以下现象产生，即被磨表面烧伤、产生裂纹与工件变形。

（3）磨削时砂轮的线速度高，参与磨削的磨粒多。磨削时砂轮的线速度高，参与磨削的磨粒多，所以，单位时间内切除金属的量大。径向切削力较大，会引起机床工作系统发生弹性变形和振动。

2）影响磨削加工表面粗糙度的因素

（1）磨削用量的影响。其内容如下：

①砂轮速度。因为加快了砂轮线的速度，所以在同一时期里也增加了加入切削的磨粒数目。每颗磨粒切除的金属百度减少，残留的面积也随之减少，并且高速磨削能够使材料的塑性变形减少，使表面粗糙度减小。使用高速磨削有利于表面粗糙度值的减小和生产率的提升，但却提出了更高的关于砂轮的质量和机床性能的要求。

②工件速度。在其他磨削要求没有产生变化的前提下，由于减慢了工件线的速度，每颗磨粒每次接触工件时切去的切削厚度减少，残留面积也小，于是粗糙度比较低。然而一定要注意的是，如果工件线的速度低的过分，工件与接触的时间长，就会增多传送至工作上的热量，乃至产生工件表面金属微熔的现象，相反地会导致表面粗糙度加大，并且还加大了表面烧伤的可能性。因而，一般将砂轮线速度的 1/60 左右定为工件线速度。

③磨削深度和光磨次数。在磨削深度增加的前提下，磨削力与磨削温度也会随之增加，增大了磨削表面塑性变形的程度，由此加大表面粗糙度值。为了使磨削效率增长且

又能获得较小的表面粗糙度，通常首先采用较深度，然后采用较小的磨削尝试，最终实施无进给磨削，也就是光磨。光磨次数越多，获得的表面粗糙度值就越小，光磨的次数一般为 5～10 次，直到无火花产生为止。

(2)砂轮的影响。其内容如下：

①砂轮的粒度。砂轮的粒度越细，是指砂轮单位面积上的磨粒数量越多，工件上出现的刻痕就会越密、越细，从而表面粗糙度就越低。精细修整粗粒度砂轮，在磨粒上形成微刃(见图 1-24)之后，同样可以将低粗糙度表面制造出来。

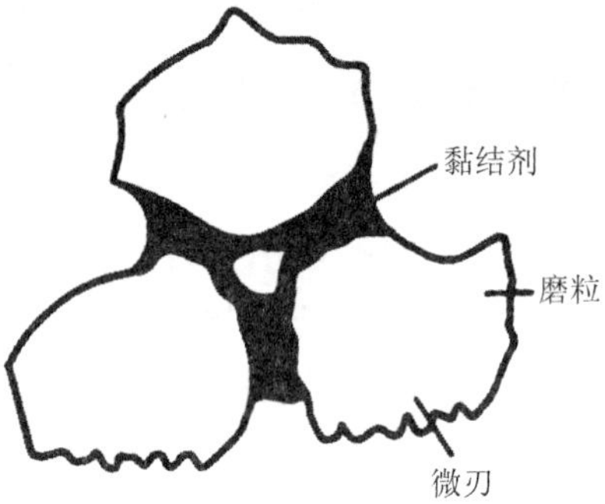

图 1-24　磨粒上的微刃

②砂轮的修整。使用金刚石对砂轮进行修理整治，也就是有一道螺纹产生在砂轮上。对切深与导程的修改整治越小，砂轮被修的就越来越光滑，磨削刃也就具有越好的等高性，磨出来的工件表面粗糙度也就愈低。修整用的金刚石笔是否锋利，也有很大的影响。

③砂轮速度。提升砂轮的速度，可使工件单位面积上的刻痕增多，降低由于塑性变形而导致的隆起，有效地降低表面粗糙度。原因是高速度下传播塑性变形的速度比磨削速度小，材料赶不上变形。

④磨削切深与工件速度。磨削切深与工件速度的增大能够使塑性变形的程度增大以此使表面粗糙度得以加大。在刚开始的磨削过程中，往往使用人磨削切深比较大，这样可以使生产率得以提升。而在末尾就采用小切深或“无火花”磨削，以使表面粗糙度降低。

(3)工件材料的影响。通常来说，太软、太硬、韧性大的材料实施磨光是很困难的。材料太硬会导致磨粒容易钝，表面易烧伤并产生裂纹而使零件报废。铝铜合金等软材料易堵塞砂轮，比较难磨。导热性差、韧性大的耐热合金很容易导致砂粒早期崩落，使砂轮表面不平，增大工件的磨削表面粗糙度。

(4)冷却润滑液的影响。冷却润滑液能够使工件与砂轮的摩擦得到减轻，能立刻将碎落的磨粒冲掉，使磨削区的温度降低，塑性变形减小，降低表面粗糙度值。

1.3.4　影响表面物理力学性能变化的因素

1.3.4.1　加工表面的冷作硬化

在实施切削(磨削)的过程中,表面层出现的塑性变形会导致金属晶体内部出现剪切滑移,晶格发生严重扭曲,并造成晶粒的破碎、拉长与纤维化,造成材料的强化,提高金属的硬度与强度。上述现象就叫作冷作硬化,如图 1-25 所示。

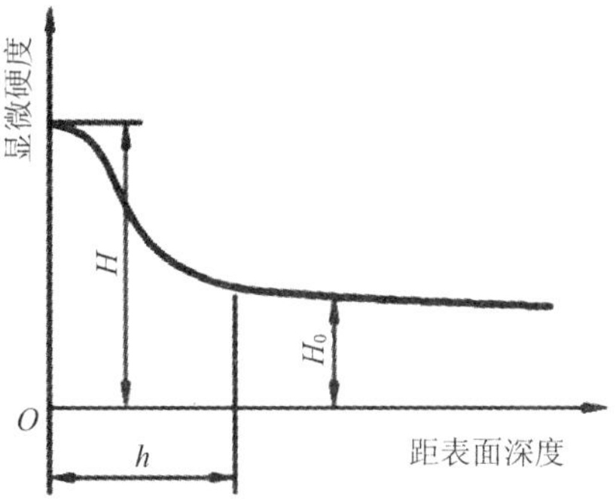

图 1-25　切削加工后表面层的冷硬

冷硬层深度 h、表面层显微硬度 H 以及硬化程度 N 主要用于表示表面层的硬化程度。硬化程度的概念用下式进行表示,即

$$N=\frac{H-H_0}{H_0}$$

式中　H_0——原材料的硬度。

产生塑性变形的力、变形时的温度与变形速度是决定表面层硬化程度的 3 个因素。力越大,塑性变形就越大,那么硬化程度就越大;变形速度越大,塑性变形越不充分,那么硬化程度就会越小;变形时的温度会造成的影响是多方面的,如塑性变形的速度、变形后金相组织的恢复,若温度在(0.25～0.3)$t_{熔}$($t_{熔}$ 为材料的熔点)范围内,会产生恢复现象,部分地消除冷作硬化。

对加工硬化产生影响主要有以下因素:

(1)切削用量。切削用量中,影响最大的是进给量和切削速度。当增大切削速度时,工件接触刀具的时间短,减小塑性变形程度。通常条件下,速度大时温度也会随之增高,从而对冷硬的恢复有帮助,所以硬化层硬度和深度均有所减小。当增大进给量时,切削力增加,塑性变形也会增加,硬化现象加强。不过,当进给量非常小时,在加工表面单位长度上,刀具刃口圆角的挤压数目加多,硬化程度就会加大。

(2)刀具。存在以下 3 个因素会使刀具对工件表面层金属挤压和摩擦作用增加,即刀具的刃口圆角大、前后刀面不光洁和后刀面的磨损,这会增加冷硬层的深度与程度。改善刀具的刃口半径和前后角,加工硬化程度可减小。

(3)工件材料。工件材料的塑性越好,硬度越低,塑性变形越大,切削后就会产生越严重的冷硬现象。

1.3.4.2 加工表面金相组织的变化

在进行机械加工的过程中,在加工区进行加工时,由于耗费的能量很大部分转变成热能,从而提升了加工表面的温度。当提升温度到达金相组织变化的临界点时,此时就会有金相组织变化出现。磨削加工切削速度快,切削时会制造大量的切削热。切屑会将这部分热量带走,极小一部分传入砂轮。如果冷却效果不好,那么将会有极大一部分传入工件表面。因此,磨削加工是一种极易产生加工表面金相组织变化的典型加工方法。

磨削加工时,影响金相组织变化有非常多的因素,例如磨削温度、冷却速度及工件材料等。当对淬火钢进行磨削时,如果磨削区温度超过马氏体转变温度但没有超过其相变临界温度,那么工件表面原来的马氏体组织则会出现回火现象,变为硬度降低的回火组织(索氏体或贝氏体),这就是回火烧伤。磨削区的温度如果高过相变临界温度,鉴于切削液的急冷作用,造成工件表面最外层产生二次淬火的马氏本,而在它的下层由于冷却速度过慢仍然是硬度降低的回火组织、这就是淬火烧伤。如果干磨时不使用切削液超过相变的临界温度,因工件的冷却速度过慢,导致磨削后表面硬度逐渐下降,这就产生了退炎烧伤。

此外,对一些高合金钢,如轴承钢、高速钢、镍铬钢等,因其传热性能非常不好,在无法得到充分冷却时,往往会产生相当深度的金相组织变化,并随之产生非常大的表面残余拉应力,更甚的会有裂纹出现。零件加工表面层的裂纹与烧伤将会大幅度降低它的使用性能,使用寿命也可能会呈数倍、数十倍地下降,甚至根本不能使用。

1.3.4.3 表面层的残余应力

1)表面层残余应力产生的原因

表面残余应力是指在切削过程中金属材料的表层组织产生组织、形状变化时,在基体材料与表层金属交界的地方出现的互相平衡的弹性应力。如果零件的表面有残余压应力,能够使工件的耐磨性和疲劳强度得到提升;如果有残余拉应力,则会降低耐磨性与疲劳强度。若残余应力跃出了材料疲劳强度的最大限度时,还将导致工件表面层有裂纹出现,使工件快速地遭到破损。残余应力的产生因素主要体现在以下方面:

(1)冷态塑性变形。在进行切削的过程中,因为切削力的影响,表面层材料会出现塑性变形现象,拉长并扭曲了工件材料的晶格。因为原本晶格中的原子是紧密地排列的,扭曲以后,降低了金属的密度,导致表面层金属体积出现改变,所以在其作用下,基体金属变成弹性变形状态。除去切削力之后,基体金属会出现复原的趋势,但是如果遭到已经出现塑性变形的表层金属的影响,那么将不可以复原,从而出现残余应力。表面层金属往往遭受刀具后刀面的摩擦与挤压的作用比较大,它的作用会让表面层出现冷态塑性变形,表面体积增大。然而由于基体金属的束缚而有了残余压应力,又基体金属为残余拉应力，表、里存在部分应力互相平衡。

(2)热态塑性变形。在热切削的影响下，工件加工表面会出现热膨胀，这个时候的基体金属具有非常低的温度，所以表层金属的热膨胀由于遭受基体的影响就出现了热压缩应力。当表面层金属的应力不处于材料弹性变形的界线时，则会热塑性变形发生。当切削过程完毕后，温度会降低到和基体温度一致的过程中，表层金属的冷却收缩造成了表面层的残余拉应力，里层则会出现与其互相平衡的压应力。

(3)金相组织变化。在进行切削加工时，切削区的高温会导致工作表面金属的相变。金属的组织不相同，它的密度也不一样，通常马氏体的密度为 7.75g/cm^3，其密度是最小的；奥氏体的密度为 7.96g/cm^3，它的密度最大；珠光体的密度为 7.78g/cm^3；铁素体密度为 7.88g/cm^3。例如，在进行淬火钢磨削时，淬火钢原本的组织是马氏体，经过磨削以后，表面层也许回火并转变为靠近珠光体的索氏体或托氏体，密度增大但体积减小，工件表层出现残余拉应力，里面出现压应力。当磨削温度超出 Ac_3 线以上时，因遭到冷却液的急冷作用，表层可能会有二次淬火马氏体出现，它的体积要大于里层的回火组织，所以表面出现压应力，里层回火组织出现拉应力。

加工后表面层的实际残余应力是以上 3 方面原因综合的结果。在进行切削加工时，切削热通常比较低，这时以塑性变形为主，表面残余应力大多是压应力。在进行磨削加工时，一般磨削区的温度非常高，出现残余应力的主要因素有两个，即热塑性变形、金相组织变化，因此表面层出现残余拉应力。

2)改善表面层残余应力的措施

表面残余应对会严重影响零件的使用性能。因为有残余应力的存留，将会造成工件变形，特别是当残余拉应力存在时，会使零件的疲劳强度降低。当残余拉应力超越材料的极限强度时，还会产生裂纹。重要零件往往要求表面没有残余应力或具有残余压应力。然而在通常的切削(磨削)情况下非常不容易保证，往往是通过专门的工序对其表面层的残余应力实施控制。常用的工艺措施有精密加工工艺、光整加工工艺和表面强化工艺。

(1)采用精密加工工艺。高速精车、金钢镗等精密切削加工和低粗糙度值高精度磨削是精密加工工艺的主要内容。加工精度和表面低粗糙度值高于各相应加工方法精加工的所有加工工艺称为精密加工工艺。而精密切削加工则是指在工件表面，采用刚性好、精度高的机床和精细刃磨具通过非常低或极高的切削速度、极小的进给量和背吃刀量将极薄一层金属实施切去的过程。因为切削过程残留的面积比较小，又最大限度地将一些不利影响如切削力、切削热和振动等进行了排除，所以可以有效地将上道工序留下的表面变质层进行去除，加工以后的表面几乎没有残余拉应力，极大地减小了粗糙度值。

低粗糙度值高精度磨削包括 3 种类型，即精密磨削($Ra<0.16\mu m$)、超精密磨削($Ra<0.04\mu m$)和镜面磨削($Ra<0.01\mu m$)。低粗糙度值高精度磨削对机床也有极高的刚性和精度要求，它的磨削过程是通过使用精细修整的砂轮，让所有磨粒上制造出多个等高的微刃，以极小的背吃刀量(通常小于 5μm)在适当的磨削压力下，从工件表面切下很微

细的切屑。加上微刃呈微钝状态时的滑擦、挤压、抚平作用和多次无进给光磨阶段的磨削抛光作用，由此得到较好物理力学性能的低粗糙度值表面和极高的加工精度(经济加工精度 IT5 级以上)。

使用精密加工工艺能够全方位地提升工件的加工精度。

(2)采用光整加工工艺。通过使用极细粒度的磨料微量切削和挤压擦光工件表面的过程称为光整加工工艺。它是根据随机创制成型原理实施加工的，所以对机床精确的成型运动没有要求。工件与磨具在加工过程中的相对运动要尽可能地复杂，尽量让磨粒不走相同的轨迹，使工件加工表面所有的点与磨料的接触条件具备极大的随机性。在开始时将它们之间的高点进行突出并互相修整。随着加工的实施，工件加工表面是所有的点均可以获得几乎相同的切削，使误差慢慢均化而减少，因而得到极小的表面粗糙度值和比磨具原始精度高的加工精度。不存在与背吃刀量 α_p 相对应的磨削用量参数，仅对加工时磨具与工件表面之间的压力进行规定是光整加工的一个特点。因为压力往往非常小，磨粒的切削能力极弱，主要具有抛光和挤压的作用。同时切削过程比较平稳，切削热也少，所以加工表面变质层非常浅，表面通常没有残余拉应力，表面粗糙度值也非常小。

因为光整加工时工件与磨具之间会发生相对浮动，与工件定位基准之间的位置不确切，所以通常无法对加工表面的位置误差进行修正。与此同时，光整加工时切削的效率非常低，比如余量太大，不但生产效率低，有时甚至会降低已经获得的精度，所以光整加工主要用于对较高的表面质量进行获取。在表面质量得到提高的同时，也可以提高形状精度和尺寸精度。

常用的光整加工方法有多种，如轮式超精磨、超精加工及研磨等。

(3)采用表面强化工艺。通过冷挤压工件表面使之产生冷态塑性变形，从而使其表面强度、硬度得到提高，并形成表面残余压应力的加工工艺称为表面强化工艺。在强化表面层的同时，表面微观不平度的凸峰被压平，填充到凹谷，所以减小了表面粗糙度的值(表面粗糙度值通常情况下会降低为强化之前的 1/4～1/2)。常用的表面强化工艺有两种：喷丸强化和滚压强化。

喷丸强化是通过许多高速运动中的珠丸对工件表面进行冲击，使之出现冷硬层并形成表面残余压应力。珠丸多半使用钢丸，通过对空气进行压缩或离心力实施喷射。这种方法在不规则、形状复杂的表面如连杆、弹簧等的强化加工中适合使用。

使用能够自由旋转的滚子均匀地加力挤压工件表面，强化表面，并在表面形成残余压应力称为液压强化，这种方法适合在规则表面如孔、圆等的强化加工中使用。通常可以在精车(精刨)之后，在原机床上直接加装滚压工具实施。

表面强化工艺只会让表面出现塑性变形，并非切除余量。所以对工件尺寸误差、形状误差的修正能力非常小，更不可以对位置误差进行修正了，加工精度主要是依据上道工序来保证。

除了上面阐述的几种工艺之外，要使表面形成残余压应力也可使用高频淬火、渗氮等表面热处理工艺。表面层的残余应力也可以使用时效处理方法来进行清除。

1.3.5 控制加工表面质量的途径

在加工过程中，对表面质量有影响的因素十分复杂，为了将所要求的加工表面质量获取到，一定要适当地控制切削参数和加工方法。对加工表面质量的措施进行控制往往会使加工成本增加，对加工效率造成影响。因此对于一般的零件要使用正常的加工工艺来确保表面质量，不应提出过高的技术要求。对于一些对产品性能、寿命和安全工作的重要零件有直接影响的重要表面，一定要控制加工表面的质量。比如，对于承受较高应力交变载荷的零件，要防止其受力表面有裂纹和残余拉应力出现；为了使轴承沟道的接触疲劳强度得到提高，一定要防止其表面出现磨削烧伤和微观裂纹；对于测量块规，则主要使其尺寸精度与稳定性得到保证，一定要对表面粗糙度和残余应力等进行严格的控制。

1.3.5.1 控制磨削参数

近年来，磨削工艺发展很快，它不仅可以作为精加工工序，也可作为高效磨削，要想得到理想的表面质量，必须严格控制磨削参数。对磨削用量进行选择时要全面考量，在确保质量的条件下，尽可能使生产率得到提升。生产中常常通过试验来确定磨削用量。

近来，国内外对磨削用量最佳化进行了大量的理论研究，对磨削用量、磨削力、磨削热与表面质量之间的关系进行了分析，并通过图表来反映每项参数的最佳组合。还有人在磨削操作中添加了过程指令，利用计算机实施磨削过程控制，有关这类研究尚待深入进行。

1.3.5.2 表面强化工艺

通过表面强化工艺可使加工表面的物理机械性能有明显的改善。表面强化工艺是一种能提高工件表面层的强度，减小表面粗糙度，同时又能在表面层产生残余压应力的方法。在机械加工中，常见的表面强化工艺有化学热处理(如渗碳、渗氮、渗铬等，使表面层能呈现较大的残余应力)和表面机械强化等。后者是通过冷压的方法使表面层发生冷态塑性变形，它除了可以使表面层的硬度得到提高，在表面层造成残余压应力，同时还能降低表面粗糙度，且这种加工方法无须精密设备，加工简单，成本低，因而得到广泛的应用。常见的有滚压加工、挤孔、喷丸和磨料流加工等。

1.3.5.3 采用超精加工、珩磨等光整加工方法作为最终加工工序

超精加工与珩磨等是把一定的压力将磨条压在工件的被加工表面上，然后做相对运动来提高工件加工精度，使工件表面粗糙度得以降低的工艺方法，往往用于加工表面粗糙度是 $Ra \leqslant 0.1\mu m$ 的表面。因切削速度低，磨削压强小，因此加工时出现的热量会非常小，不会有热操作出现，并在加工表面形成残余压应力。若加工余量适当，还能够将磨削

加工变质层除去。

采用超精加工和珩磨工艺与直接采用精磨达到表面粗糙度要求相比，虽然额外添加了一道工序，但因这些加工方法均是采用加工表面自身定位实施加工，机床的结构简易，精度要求也低，并且大部分设计成多工位机床，可以实施多机床操作，因此生产效率非常高，加工成本也比较低。因为具备以上优势，超精加工和珩磨工艺在大批大量生产中应用得比较广泛。例如，在轴承制造中，为了提高轴承的接触疲劳强度和寿命，越来越普遍地采用超精加工来加工轴承的内、外套以及滚子的滚动表面。

第 2 章　机械制造常见工艺研究

利用机械加工的方法获得一定形状的零件，是通过机床使用道具将毛坯上多余的材料切除来得到的。加工方法依据机床运动和刀具的不同主要分为：车削、铣削、磨削、钻镗削及特种加工等。本章主要对车削加工、铣削加工、磨削加工、齿形加工进行了阐释。

2.1　车削加工

2.1.1　车削加工概述

在车床上将毛坯加工成所需零件的切削加工方法即为车削加工，其主要过程是在车床上通过工件的旋转和刀具的移动来对毛坯进行加工，进而得到需要的形状和尺寸。其中旋转运动是工件的主动运动，刀具的移动是工件的进给运动。车削加工范围很广泛，如图 2-1 所示。

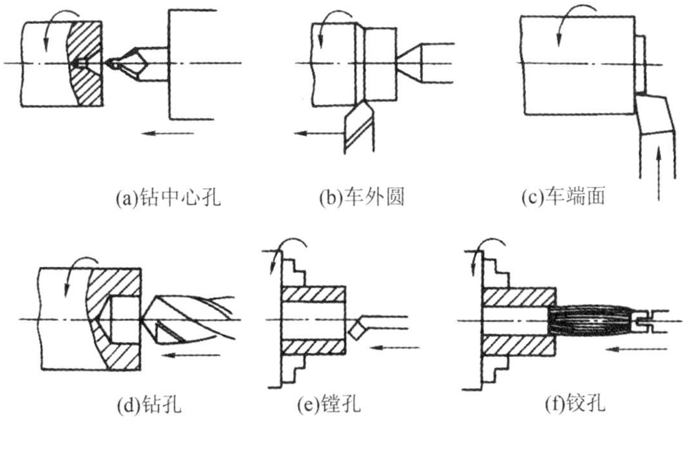

(a)钻中心孔　(b)车外圆　(c)车端面

(d)钻孔　(e)镗孔　(f)铰孔

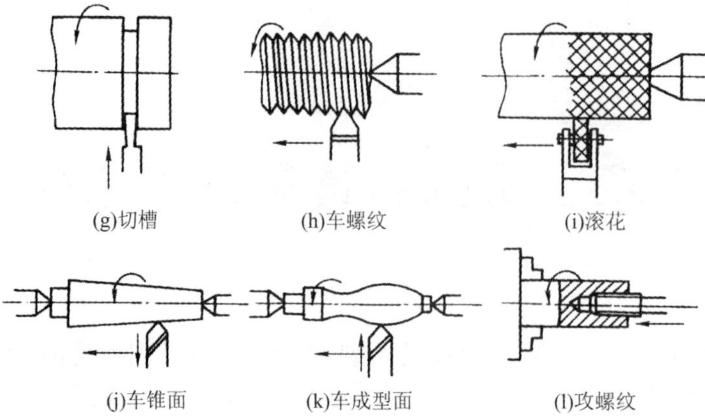

图 2-1　车削加工的主要工作

2.1.2　车床

2.1.2.1　车床型号

车削加工是在车床上完成的。在机械工厂中,车床是各种工作机床中应用最广泛的设备,约占金属切削机床总数的 50%。车床的种类和规格很多,其中以卧式车床应用最广泛。

车床型号是按照《金属切削机床型号编制方法》(GB/T 15375)规定的,由汉语拼音和阿拉伯数字组成。例如 CM6132 型卧式车床,其中各代号的含义分别为:"C"表示机床类别代号(车床类),"M"表示机床通用特性代号(精密型),"6"表示机床组别代号(落地及卧式车床系),"1"表示机床型别代号(卧式车床型),"32"表示机床主参数(最大车削直径 320mm×1/10)。

2.1.2.2　卧式车床的组成

车床的主要工作是加工旋转表面,因此必须具有带动工件旋转运动的部件,此部件称为主轴及尾架;其次还必须具有使刀具作纵、横向直线移动的部件,此部件称为刀架、溜板和进给箱。上述两部件都由床身支撑,如图 2-2 所示。

由图 2-2 可知,车床由如下几部分组成。

1)床身

床身主要用来将各个主要部件连接起来,同时保证各部件之间的相对位置是正确的,属于车场的基础零件。

2)主轴箱

主轴箱内装有主轴和主轴变速机构。主轴为空心结构,前部外锥面用于安装夹持工件的附件(如卡盘等),前部内锥面用来安装顶尖,细长的通孔可穿入长棒料。

3)进给箱

进给变速机构装在进给箱内。要想得到不同的进给量和螺距,可以通过调整进给箱

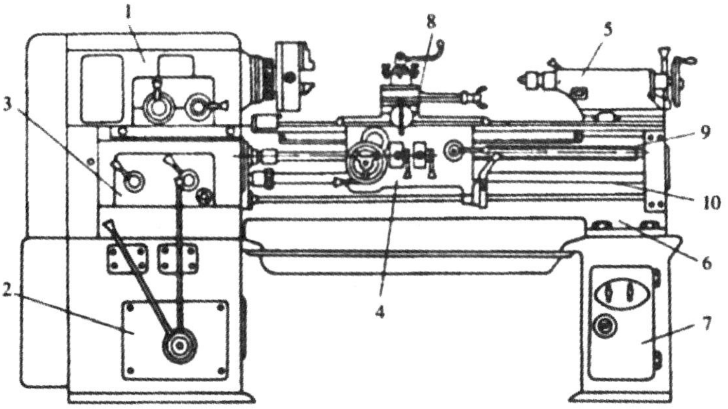

图 2-2　CM6132 卧式车床

1—主轴箱；2—变速箱；3—进给箱；4—溜板箱；5—尾架；6—床身；
7—床腿；8—刀架；9—丝杠；10—光杠

外部手柄的位置，把主轴的旋转运动传给光杆或丝杆的方法来实现。

4)光杠和丝杠

进给箱的运动利用光杆和丝杆传给溜板箱。光杆主要用于自动车削诸如外圆等螺纹以外的表面；丝杆则主要用于螺纹的车削。

5)溜板箱

车床进给运动的操作箱即为溜板箱，其与刀架连接。由光杆传过来的运动为旋转运动。而车刀需要的是纵向或横向的直线运动，这就需要进行一个转化，溜板箱即具备这种功能。除此之外，对开螺母在溜板箱的操纵下，使丝杠带动车刀沿纵向进给以车削螺纹。

6)刀架

刀架用来夹持工件使其作纵向、横向或斜向的进给运动。刀架由大拖板（又称大刀架）、中滑板（又称中刀架、横刀架）、转盘、小滑板（又称小刀架）和方刀架组成。其中，大拖板与溜板箱连接，带动车刀沿床身导轨作纵向移动；中滑板安装在大拖板上，带动车刀沿大拖板上面的导轨作横向移动；转盘用螺栓与中滑板紧固在一起，松开螺母，可使其在水平面内扭转任意角度（见图 2-3）。

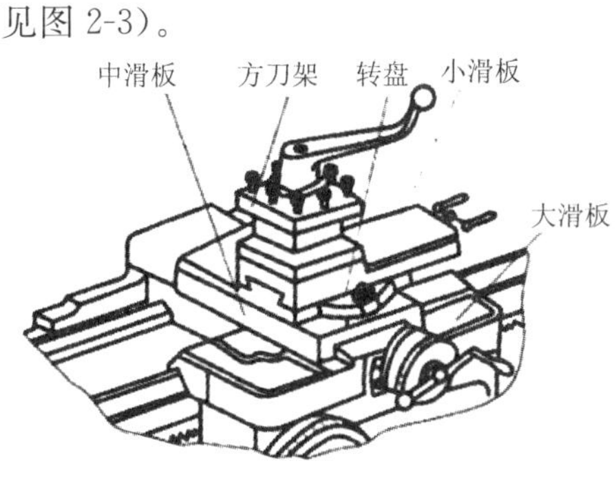

图 2-3　车刀刀架结构

7)尾座

尾座安装在车床导轨上,因此尾座可以位于床身导轨面上的任一位置。顶尖装在尾座的套筒内,它可以用于工件的支撑,套筒内也可以安装铰刀、钻头,可以方便地在工件上钻孔和铰孔。

8)床腿

床腿用来支撑上述各部件,保证它们之间相对位置,并与地基连接。

2.1.2.3 卧式车床的传动路线

电动机的高速转动,通过皮带传动、齿轮传动、丝杠螺母传动或齿轮齿条传动传到机床主轴,带动夹持工件(三爪卡盘、顶尖等)高速旋转运动,旋转运动将逐渐传到刀架,然后带动刀具做进给运动。车床传动路线示意图如图 2-4 所示。

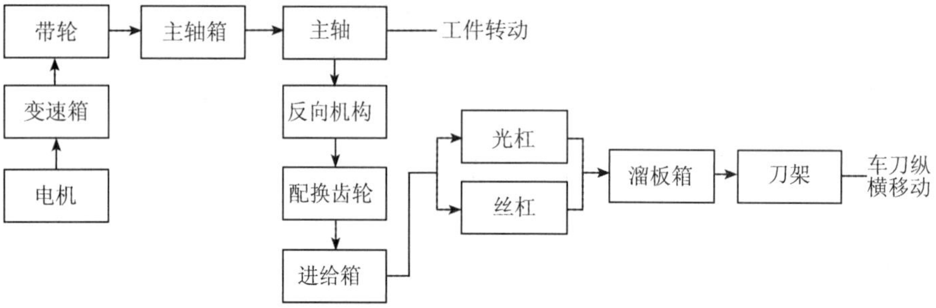

图 2-4　车床传动路线示意图

2.1.3 车刀

车刀种类很多,其结构也各有不同。因此,在特定条件下,选择一把较合适的车刀来进行切削加工,可以起到保证加工质量、提高生产率、降低生产成本、延长车刀使用寿命等作用。在实际生产中,一般根据生产批量、机床形式、工件形状、加工精度及表面粗糙度、工件材料等因素来合理选择车刀类型。

2.1.3.1 车刀的结构

刀头和刀杆共同组成车刀。其中,刀头主要用于切削,刀杆主要用于夹持。在车削加工中,为了加工各种不同表面,或加工不同的工件,需要采用各种不同加工用途的车刀,常用的有外圆车刀、偏刀、切断刀和螺纹车刀等。按结构形式的不同,车刀可以分为四种:整体式、焊接式、机夹式和可转位式。表 2-1 为各种车刀结构类型的特点及应用。

表 2-1　车刀结构类型的特点及应用

名称	特点	适用场合
整体式	用整体高速钢制造,刃口可磨得较锋利	小型车床或加工非铁金属
焊接式	焊接硬质合金或高速钢刀片,结构紧凑,使用灵活	各类车刀特别是小刀具

续表 2-1

名称	特点	适用场合
机夹式	避免了焊接产生的应力、裂纹等缺陷，刀杆利用率高；刀片可集中刃磨获得所需参数；使用灵活方便	外圆、端面、镗孔、切断、螺纹车刀等
可转位式	避免了焊接刀的缺点，刀片可快换、转位；生产率高；断屑稳定；可使用涂层刀片	大中型车床加工外圆、端面、镗孔特别适用于自动线、数控机床

2.1.3.2　车刀的刃磨

未经过使用或用钝后的车刀，必须进行刃磨，以得到应用的形状和角度，才能顺利地车削和保证加工质量。车刀的刃磨一般在砂轮机上进行。刃磨硬质合金车刀时，应选用碳化硅砂轮（一般为浅绿色）；刃磨高速钢车刀时，应选用氧化铝砂轮（一般为白色）。

1）车刀刃磨的具体步骤：

（1）磨主后刀面，同时磨出主偏角及主后角。

（2）磨副后刀面，同时磨出副偏角及副后角。

（3）磨前面，同时磨出前角。

（4）修磨各刀面及刀尖。

2）刃磨车刀时的注意事项

（1）砂轮机启动后，操作者应站在砂轮侧面，以防被砂轮碎裂时沿切线方向飞出击伤。

（2）刃磨刀具时要握稳刀具，用力均匀，刀柄靠近支架，使受磨面轻贴砂轮。切忌用力太大或冲击砂轮，以免砂轮碎裂。

（3）刀具应在砂轮圆周上左右移动，使砂轮磨耗均匀，避免产生沟槽。禁止在砂轮侧面用力粗磨刀具，致使砂轮偏摆，甚至破碎。

（4）刃磨时会产生摩擦热。刃磨高速钢车刀时，应沾水使之冷却，防止其回火软化。但刃磨硬质合金刀时，则不应沾水，以免产生裂纹。

2.1.3.3　车刀的安装

在刀架上安装车刀时务必要将其进行正确并牢固地安装，需要重点注意的有以下几个方面：

（1）刀头伸出不能太长。伸出太长，在切削时就易造成振动，产生的振动将会对工件的加工精度和表面粗糙度产生影响。通常刀头伸出的长度以能看见刀尖车削即可，这种情况下刀头伸出的长度一般都不会超过刀杆厚度的两倍。

（2）刀尖的高度应该与车床主轴的中心线高度一致。如果装得太高，直接造成后角减小，这将增大车刀后面与工件之间的摩擦；如果装得太低，将造成前角减小，这将使切削不能顺利进行，同时也会使刀尖崩碎。应该依据尾架顶尖的高低来确定刀尖的高低。

(3)车刀刀杆轴线应与工件表面垂直。

2.1.4 车削夹具

2.1.4.1 车削夹具的分类与用途

在车床上，被加工工件与刀具之间相对位置确定主要由车床夹具来保证，属于专用工艺装备。夹具一般安装在车床的主轴前端部，与主轴一起旋转。因此夹具一般是处在旋转状态，所以除了保证夹具的定位与夹紧的要求外，还要考虑它的防松结构以及动平衡问题。

一般将车削夹具分为三类：通用夹具、专用夹具和组合夹具。

车床上常用的通用夹具除三爪自定心卡盘、四爪单动卡盘、顶尖外，还有一些作为机床附件供应，如中心架、鸡心夹头等。通用夹具的优点是适应性强、操作简单，缺点是效率低，常用于单件小批生产。

专用夹具是根据某些工件的某一个工序的特殊加工要求而专门设计的。这种夹具一般设计的结构紧凑，操作迅速、方便，同时满足零件的特定性状和特定表面加工的需要。由于是专门设计的夹具，因此这种夹具不具有通用性，而且成本也很高。这种夹具多用于需要专用夹具或大批量生产。

组合夹具是根据已设计好的定位夹紧方案，将事先制造好的标准夹紧元件组成起来形成的专用夹具。因此它除了具有专用夹具的优点外，还有一些自己的特点，如通用化和标准化等。虽然产品是经过变换的，但是仍然可以将组成夹具的各个元件拆分开，然后进行清洗入库，节约了成本、不浪费，对于新产品试制和多品种小批量的生产特别适用。将数控机床、CAD/CAM/CAPP 技术应用于现代企业机械生产过程中有着优越的特点和广泛的用途。

2.1.4.2 典型车削夹具

1)车削夹具的组成

夹具体、定位元件、夹紧装置、辅助装置是车削夹具的主要组成元件。夹具体通常以回转体的形状存在于车床夹具中，并且与车床主轴通过一定的结构定位连接。夹具体上安装有夹紧装置和定位元件。作为辅助装置的主要有用于高效快速操作的气动、液动和电动操作机构以及用于消除偏心力的平衡块。

2)典型车削夹具

如图 2-5 所示，在加工轴承座的内孔时，工件以底面和两孔定位，采用两压板夹紧。

夹具体与主轴端部定位锥配合，用螺栓连接在主轴上。导向套用于引导刀具。平衡块用于消除回转时的不平衡现象。

(1)角铁式家具。图 2-5 为角铁式车削夹具，轴承座内孔在进行加工时，工件的定位通过底面和两孔，并用量压板将其压紧。各部分的作用如下：夹具体是用螺栓将其连接到主轴上，与主轴端部定位锥配合；导向套主要是对刀具进行引导；平衡块主要是对回转时的不平衡现象进行消除。

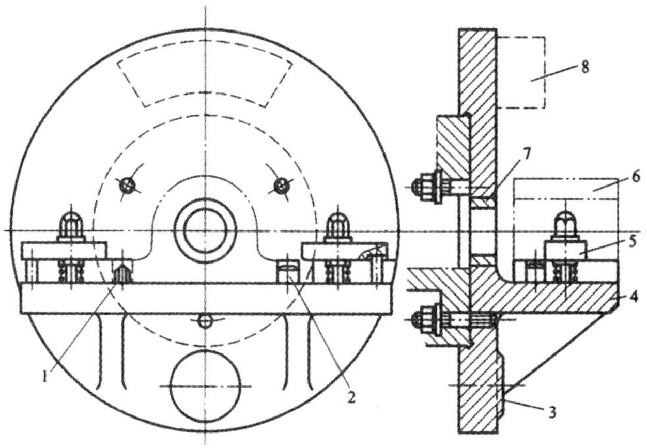

图 2-5　角铁式车削夹具

1—削边销；2—圆柱销；3—夹具体；4—支承板；5—压板；6—工件；7—导向套；8—平衡块

(2)定心夹紧夹具。定心夹具主要有弹簧套筒、液性塑料夹具等，可用于回转体工件或以回转体工件表面定位的工件。图 2-6 为液性塑料定心夹紧夹具，工件夹紧采用内孔定位。在图 2-6 中，在定位圆柱上套上工件，由端面定位轴向，将螺钉 2 旋紧，经过柱塞 1 和液性塑料 3 使薄壁定位套 4 产生变形，同时定心夹紧工件 5。

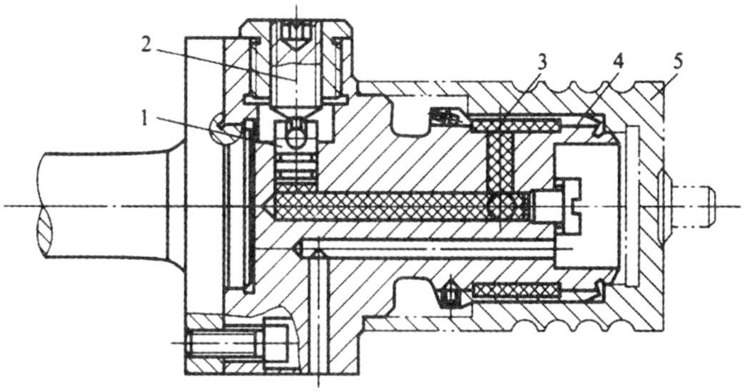

图 2-6　液性塑料定心夹紧夹具

1—柱塞；2—螺钉；3—液性塑料；4—薄壁定位套；5—工件

(3)组合夹具。典型的车削组合夹具如图 2-7 所示。已加工的底面和两个孔将工件定位,再用两个压板将工件夹紧。图中的通用元件有夹具体、定位销、压板、底座等。

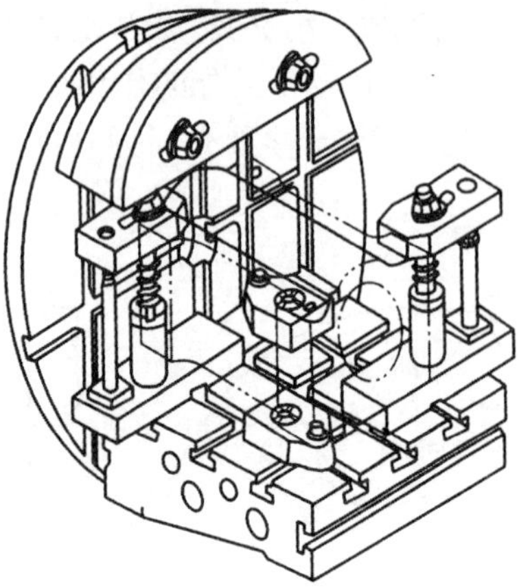

图 2-7　组合夹具

(4)自动车削夹具。一般在数控车床上采用的是自动夹具,实现对工件的自动夹紧,这样不但能够提高加工生产率,而且对柔性制造系统(FMS)的构成也有利。常用的自动车削夹具有气动、液压和电动卡盘。液压缸和楔式三爪自定心卡盘构成的液压自动卡盘如图 2-8 所示。当油进入液压缸左腔时,楔心套在拉杆的推动下向右运动,在楔心套上有一个 T 形槽,与轴线成 15°夹角。这个槽与滑座相配合,滑座向外滑动,卡爪便将工件松开,相反情况则会使工件夹紧。通过法兰将液压缸的缸体与主轴尾端连接起来,于是在主轴旋转时其与主轴将一起旋转。

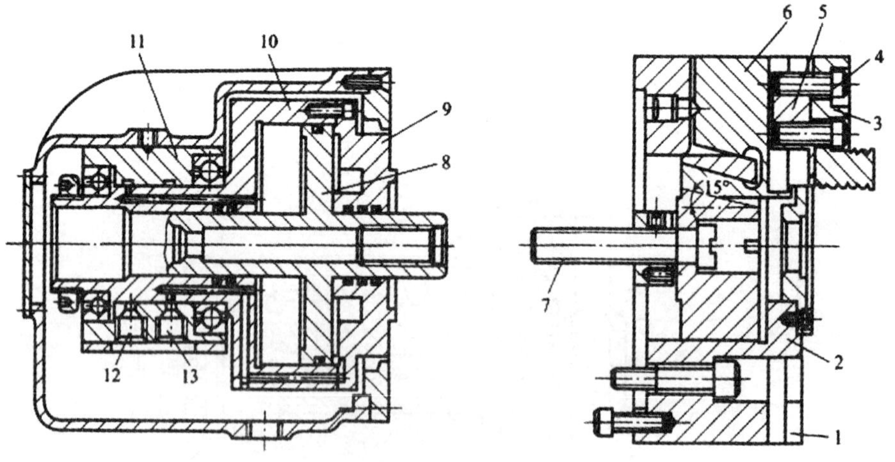

图 2-8　液压自动卡盘

1—卡盘体;2—楔心套;3—卡爪;4—连接螺钉;5—T 形块;6—滑座;7—螺钉;
8—活塞;9—连接端盖;10—缸体;11—引油导套;12,13—进出油口

3)对车削夹具的具体技术要求

对于车削夹具,除了一般的技术要求外,还有一些需要引起注意的技术要求如下:

(1)定位元件表面对顶尖或者锥柄轴线的圆跳动。

(2)定位元件表面间的垂直度或平行度。

(3)定位元件表面对夹具回转轴线或找正圆环面的圆跳动。

(4)定位元件表面对夹具安装基面的垂直度或者平行度。

(5)定位元件的轴线相对夹具轴线的对称度。

2.2　铣削加工

2.2.1　铣削加工概述

铣削是应用铣刀在铣床上进行切削加工的方法。铣刀不仅种类繁多,而且铣床的调整也相对灵活,因此铣削具有广泛的应用,如加工平面、斜面、台阶、沟槽、成型面、齿轮及切断等。铣削加工应用的典型示例如图 2-9 所示。在铣床上还可以进行镗孔和钻孔。

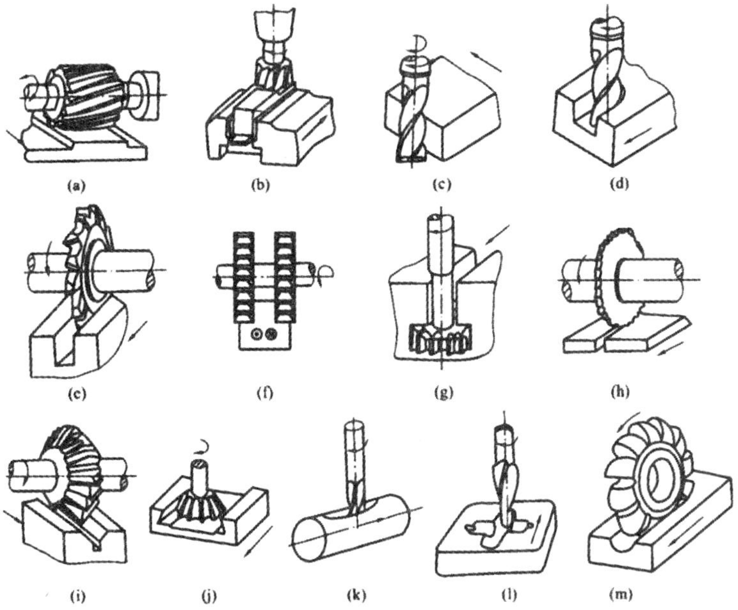

图 2-9　铣削加工应用示例

(a)圆柱铣刀铣平面;(b)端铣刀铣平面;(c)立铣刀铣竖直面;(d)立铣刀铣开口槽;(e)错齿三面刃铣刀铣直槽;(f)组合铣刀铣双竖直面;(g)T 形槽铣刀铣 T 形槽;(h)锯片铣刀切断;(i)角度铣刀铣 V 形槽;(j)燕尾槽铣刀铣燕尾槽;(k)键槽铣刀铣键槽;(l)球头铣刀铣成型面;(m)成型铣刀铣半圆形槽

铣削加工的表面粗糙度 Ra 为 6.3～1.6μm,精度达 IT9～IT7 级。

2.2.2 铣床

铣床有许多种，例如立式铣床、卧式铣床、数控铣床、龙门铣床以及铣镗加工中心等。其中的立式铣床和卧式铣床是工厂中应用较多的铣床，卧式铣床中又以卧式万能升降台铣床的应用最为广泛，常被称为万能铣床。

2.2.2.1 卧式万能铣床

卧式万能升降台铣床简称万能铣床。

如图 2-10 所示是应用最广的一种卧式万能升降台铣床。它的主轴与工作台面平行，为水平方向。为阐述万能铣床的主要组成以及其相关作用，下面将以 X6132 为例来进行说明。

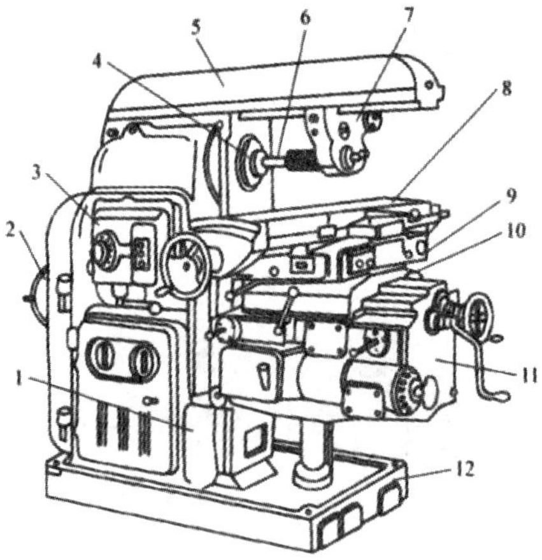

图 2-10　X6132 卧式万能升降台铣床

1—床身；2—电动机；3—变速机构；4—主轴；5—横梁；6—刀杆；7—刀杆支架；

8—纵向工作台；9—转台；10—横向工作台；11—升降台；12—底座

1)床身

铣床上的所有部件均由车场来固定和支撑。床身顶部有一个水平的导轨，前臂有一个燕尾形的垂直导轨，内部安装有电动机、主轴及主轴变速机构等。

2)横梁

为了加强刀杆的刚性，将吊架安装在了横梁的上面，以支撑刀杆外伸的一端。横梁在床身的导轨上可以自由移动，这样就可以对横梁的伸出长度进行调整。

3)主轴

主轴是一个空心轴，其前端有 7∶24 的精密椎孔，主要是用来安装铣刀刀杆，同时来带动铣刀旋转。

4)纵向工作台

其在转台的导轨上做纵向移动，带动台面上的工件作纵向进给。

5)横向工作台

其位于升降台上面的水平导轨上，带动纵向工作台一起作横向进给。

6)转台

其作用是能将纵向工作台在水平面内扳转一定的角度,以便铣削螺旋槽。

7)升降台

其主要是使整个工作台沿着床身上的垂直导轨移动,以调整工作台到铣刀的距离,并作垂直进给。

带有转台的卧铣又称为卧式万能铣床,其工作台不仅可以纵向、横向和垂直方向移动,而且还可以在水平面内左右扳转 45°。

2.2.2.2　立式升降台铣床

图 2-11 为立式铣床,其主轴与工作台面垂直。立铣头(主轴)可以根据加工的需要偏转一定的角度。

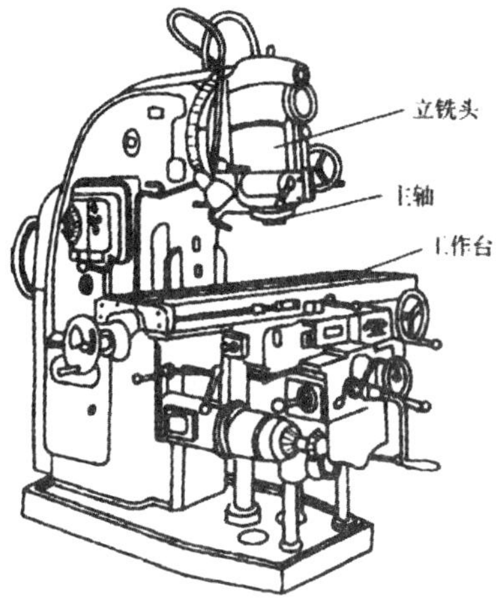

图 2-11　立式铣床

2.2.2.3　龙门铣床

图 2-12 为四轴龙门铣床,属大型机床之一。它一般用来加工卧式、立式铣床不能加工的大型工件。

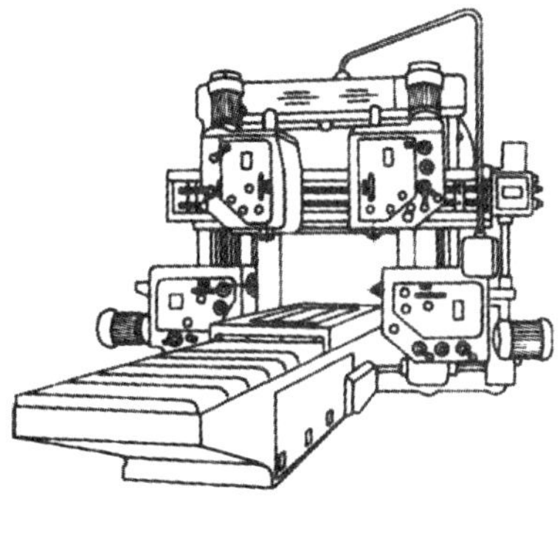

图 2-12　四轴龙门铣床

2.2.3 铣刀

铣刀种类很多,结构各异,必须根据使用要求正确选用。

2.2.3.1 铣刀的种类

1)按铣刀刀齿在刀体上分布分类

(1)圆柱铣刀:刀齿在刀体圆周均布,刀齿又有直齿和螺旋齿之分,如图 2-13 所示。

(2)端铣刀:刀齿主要分布在刀体端面上,还有部分分布在刀体周边,如图2-14所示。

图 2-13 圆柱铣刀

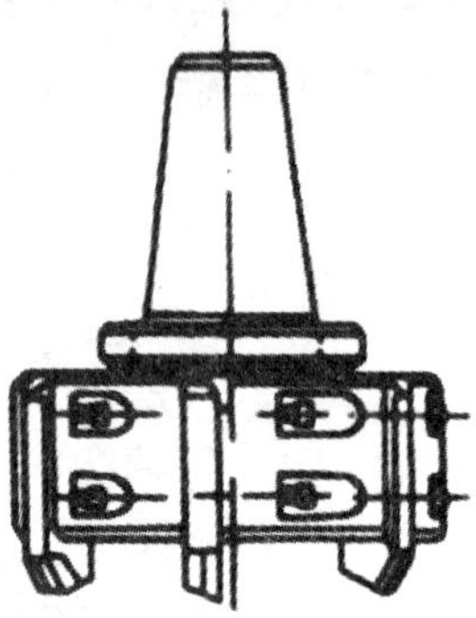

图 2-14 端铣刀

2)按铣刀的结构和安装方法分类

(1)带柄铣刀:多用于立式铣床和万能回转头铣床。带柄铣刀的刀柄有直柄和锥柄之分,如图 2-15 所示。直柄铣刀的直径较小,一般小于 20mm;锥柄铣刀的直径可以较大,大直径的锥柄铣刀刀齿多为镶齿式。

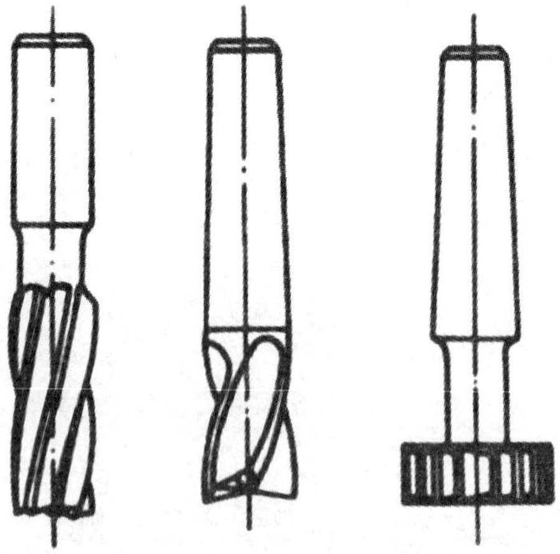

(a)立铣刀　(b)键槽铣刀　(c)T形槽铣刀

图 2-15 带柄铣刀

(2)带孔铣刀:带孔铣刀一般用于卧式铣床。带孔铣刀的刀齿形状和尺寸可以适应所加工的工件形状和尺寸,因此可加工较小的沟槽。图 2-16 为常用的带孔铣刀。

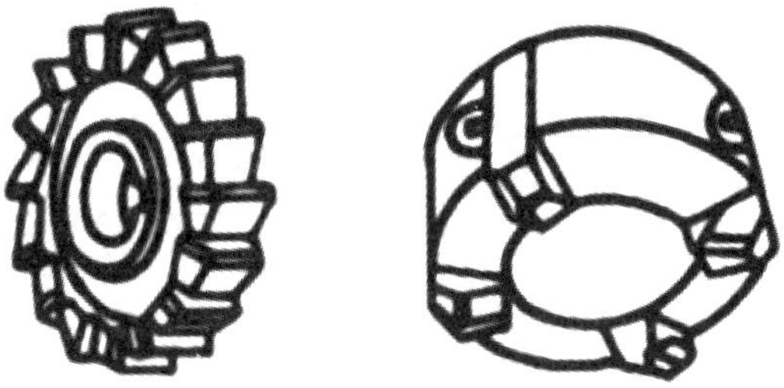

(a)三面刃铣刀　　(b)盘铣刀

图 2-16　带孔铣刀

2.2.3.2　铣刀的安装

1)带柄铣刀的安装

(1)安装直柄铣刀。图 2-17(a)为直柄铣刀的安装,一般使用弹簧夹头来安装直柄铣刀。在安装时,要拧紧螺母使弹簧在径向上收缩,然后将铣刀的柱柄夹紧。

(2)安装锥柄铣刀。分为两种情况,第一种是当铣刀锥柄尺寸与主轴端部椎孔相同时,直接装入,然后将拉杆拉紧;第二种情况是当铣刀锥柄小于主轴端部椎孔时,需要使用过渡套对其进行安装,如图 2-17(b)所示。

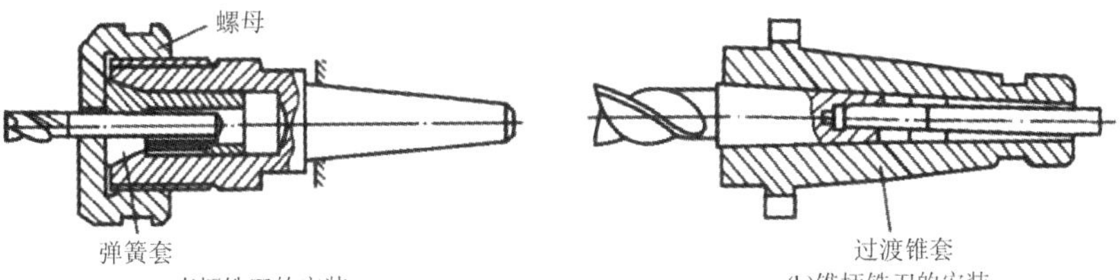

(a)直柄铣刀的安装　　(b)锥柄铣刀的安装

图 2-17　带柄铣刀的安装

2)带孔铣刀的安装

图 2-18 为带孔铣刀的安装,安装时需要用铣刀杆。首先在主轴椎孔中插入铣刀杆椎体,用拉杆拉紧,然后利用套筒将铣刀调整到合适的位置,用吊架支撑刀杆的另一端。

2.2.4　铣床常用附件

铣床用途广泛,附件多,功能全,主要附件有万能铣头、回转工作台和分度头等。

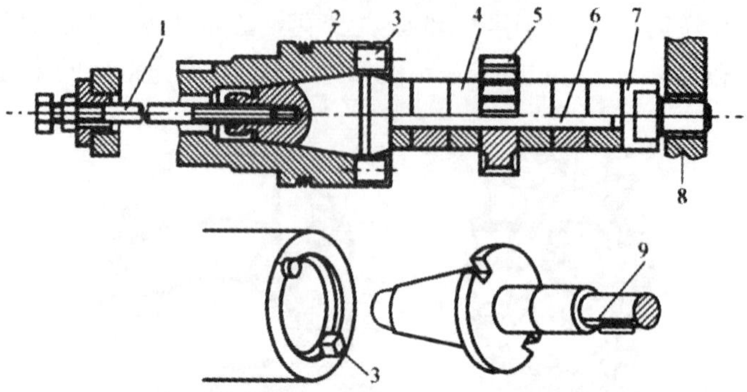

图 2-18 带孔铣刀的安装

1—拉杆；2—主轴；3—键；4—套筒；5—铣刀；6—刀轴；
7—螺母；8—吊架；9—键槽

2.2.4.1 万能铣头

图 2-19 为万能铣头，通常是通过底座用螺栓将其固定在铣床的垂直导轨上。锥齿轮位于铣头的内部，主要作用是将铣床主轴的运动传递到铣头主轴上。绕着机床铣头壳体可以旋转任意角度[见图 2-19(b)、图 2-19(c)]。因此在空间上铣头主轴可成任意角度。

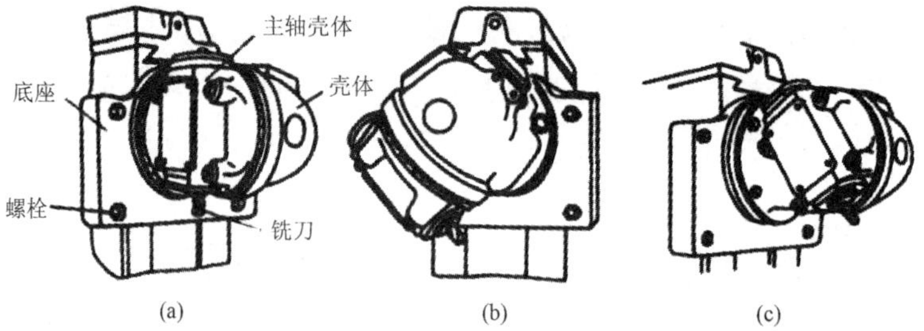

图 2-19 万能铣头

2.2.4.2 回转工作台

回转工作台外形如图 2-20(a)所示，常用来铣削带圆弧形表面和圆弧沟槽的工件。图 2-20(b)为铣圆弧槽，工件安装在台面上，转动手轮可实现圆周进给，回转台周围有刻度，可用来观察进给的角度。

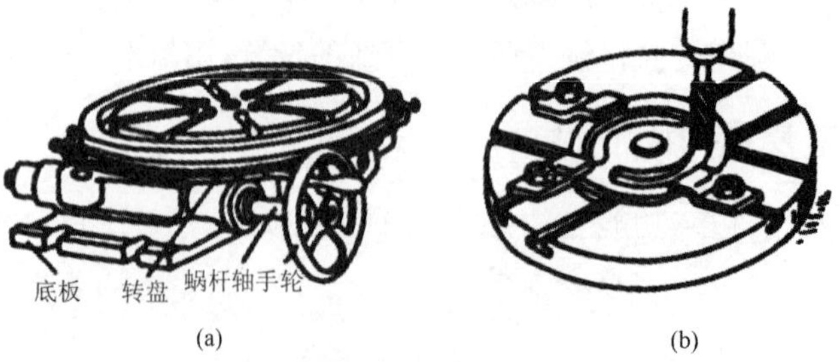

图 2-20 回转工作台

2.2.4.3　分度头

分度头主要用于需要进行圆周分度的工件，如铣削齿轮、花键等。分度头有简单分度头、自动分度头、直接分度头(等分分度头)和万能分度头等，是铣床的主要附件。下面主要介绍万能分度头。

1)万能分度头的结构

如图 2-21(a)所示，万能分度头由底座、转动体、主轴、分度盘等组成。通过底座底面的导向键与工作台 T 形槽的配合，可将其安装在工作台上，使分度头主轴方向平行于工作台的纵向。分度头转动体可使主轴轴线与工作台面成－10°～90°的倾斜角度，以便加工各种角度的斜面。分度头前端有锥孔，可安放顶尖，主轴外端有螺纹，用来安装卡箍、拨盘。分度头的侧面是分度盘，如图 2-21(b)所示。

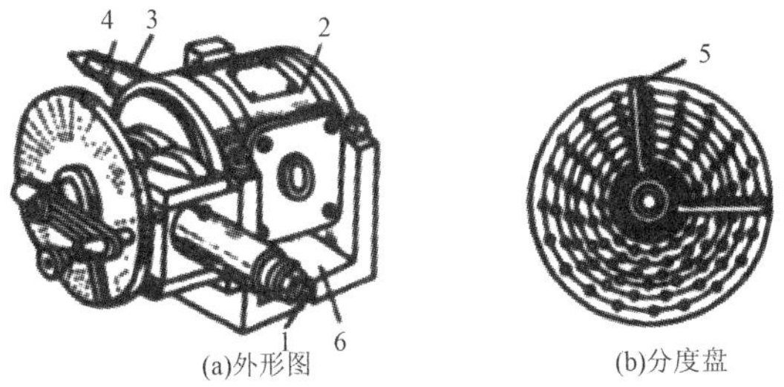

图 2-21　分度头

1—挂轮轴；2—转动体；3—主轴；4—顶针；5—扇形板；6—底座

2)分度方法

用分度头分度有直接分度法、简单分度法、差动分度法、角度分度法、近似分度法等。下面介绍用 FW250 万能分度头分度时的简单分度法。

图 2-22 为 FW250 万能分度头的传动系统。分度时，拔出定位销，摇动分度手柄进行分度。分度手柄的运动通过一对传动比为 1∶1 的斜齿轮传递到蜗杆，再传递到蜗轮，带动主轴转动。蜗杆与蜗轮的传动比为 1∶40。因此，手柄每转过 40 周，主轴转动 1 周。

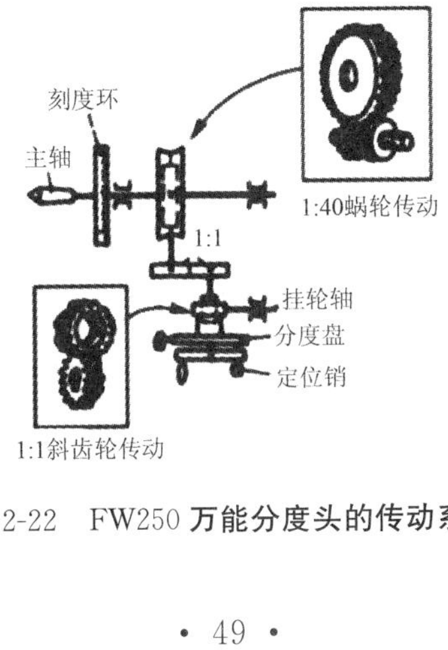

图 2-22　FW250 万能分度头的传动系统

设工件等分数为 z，则每次分度时工件(主轴)应转过 $1/z$ 周，故每次分度时分度手柄应转 $40/z$ 周。

例如，铣齿数为 16 的齿轮时，手柄每次分度应转过的周数为

$$n = \frac{40}{36} = 1\frac{1}{9} \text{周}$$

其中，分数部分需要用分度盘实现。

分度盘的正反两面各有几圈孔数不同的小孔，小孔之间的间距严格相等。FW250 分度头有两块分度盘(分度时只用一块)。1/9 周的实现方法为：将分子、分母同时扩大 6 倍，得到 6/54，利用 54 孔的圈转过 6 个孔，即可转过 1/9 周。

2.2.5 铣削工艺

利用铣床各种附件，选用不同的铣刀，可以铣平面、沟槽、成型面、螺旋槽和钻、镗孔。

2.2.5.1 铣平面

在卧式铣床上多用圆柱铣刀铣水平面，圆柱铣刀有螺旋齿和直齿，前者刀齿是逐步切入切出，切削过程比较平稳。

立式铣床常用端铣刀和立铣刀铣削平面。端铣刀铣削时，切削厚度变化小，参加切削刀齿多，工作平稳；立铣刀用于加工较小的凸台面和台阶面。铣刀的周边刃为主刀刃，端面刃是副刀刃，主刀刃起切削作用，副刀刃起修光作用。图 2-23 为平面铣削。

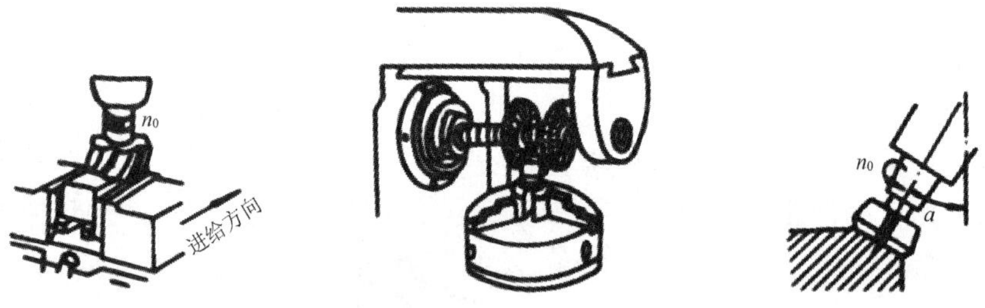

(a)在立铣上用端铣刀铣平面　(b)在卧铣上用三面刃铣刀垂直　(c)在立铣上用端铣刀将铣刀倾斜一个角度铣斜面

图 2-23　铣平面

2.2.5.2 铣沟槽

采用键槽立铣刀、圆盘铣刀、T 形槽铣刀和角度铣刀可以铣削各种截面的沟槽，如图 2-24 所示。

图 2-24　铣沟槽

2.2.5.3　铣成型面

成型面一般用成型铣刀铣削，如图 2-25 所示。

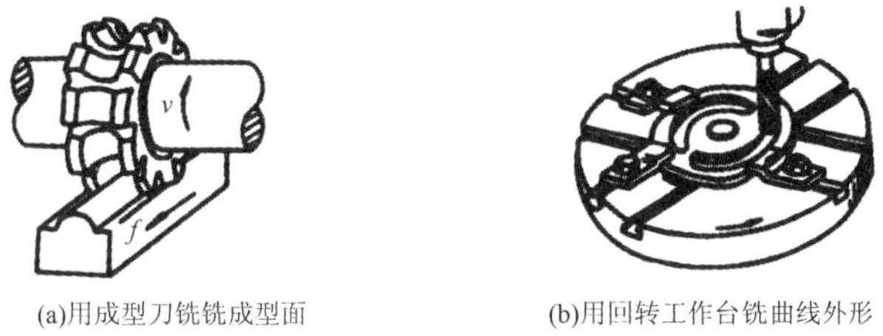

图 2-25　铣成型面

2.3　磨削加工

2.3.1　磨削加工概述

磨削加工是指在磨床上利用高速旋转的砂轮对已成型的工件表面进行精密的切削加工方式。通过砂轮上的磨粒对工件切削、刻划与滑擦的综合作用，使工件能够达到更高的加工精度。磨削加工是零件的精加工主要方法之一，加工的工件精度可达 IT7～IT5，表面粗糙度 Ra 可达到 0.8～0.2μm。

磨削加工通常用于半精加工和精加工，砂轮磨粒的硬度很高，而且具有自锐性。它因刀具的特殊性而不同于其他切削方法。

磨削加工的材料较为广泛，既可以加工铸铁、合金钢、碳钢等一般的金属材料，也可以加工淬火钢、硬质合金、陶瓷和玻璃等一般刀具难以加工的高硬度材料。但是塑性较大的非铁金属材料不适合采用磨削加工。

磨削加工可以加工各种表面，如图 2-26 所示。有外圆面、内圆面、平面、成型面(螺纹、齿轮等)，以及刃磨各种刀具等。除此之外，磨削还可用于毛坯清理。

(a)磨削外圆

(b)磨削内圆

(c)磨削平面

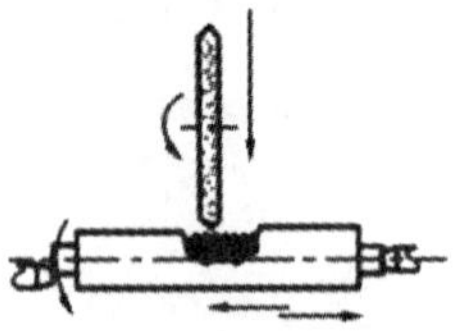
(d)磨削螺纹

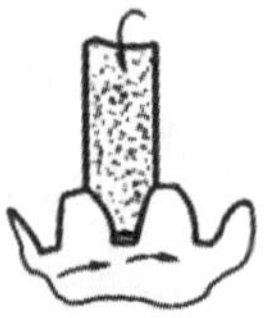
(e)磨削齿轮

(f)无心磨削

图 2-26　磨床加工范围

2.3.2　砂轮

2.3.2.1　砂轮特性及其选择

砂轮属于磨削的主要使用工具，它是按照一定的比例将磨粒和结合剂黏结在一块，先压缩再进行焙烧后形成的疏松多孔体。图 2-27 为砂轮的组成，主要包括三部分：磨粒、结合剂和空隙。其中，磨粒主要起切削作用，形成切削刀口；结合剂主要是将磨粒进行固定；空隙主要是作用于排泄和冷却。砂轮的特性受许多因素的决定，如磨料、结合剂、粒度、硬度、形状、尺寸和组织等。

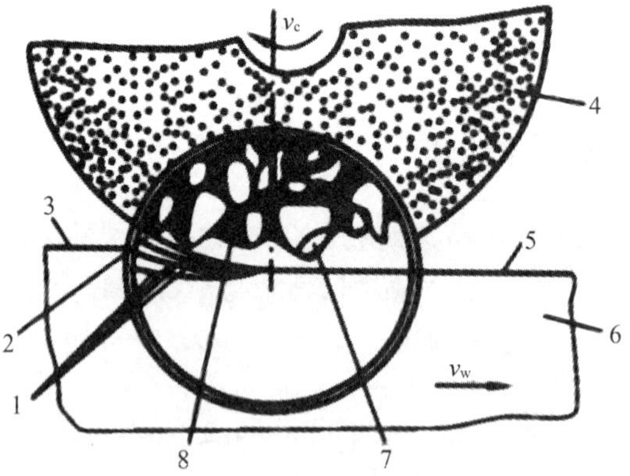

图 2-27　砂轮的组成

1—加工表面；2—空隙；3—待加工表面；4—砂轮；5—已加工表面；6—工件；7—磨粒；8—结合剂

1)磨料

磨料在切削工作中占有十分重要的位置，因此磨料必须要锋利，并且硬度要求也高，同时耐热性和韧性也要好。氯化铝(也称刚玉)和碳化硅是最常用的两类磨料。氧化铝类磨料的特点是硬度高、韧性好，所以适合磨削钢料。碳化硅类磨料的硬度比氧化铝类更高且比较锋利，缺点是比较脆，适合磨削硬质合金和铸铁。

2)粒度

粒度是指砂轮中磨粒尺寸的大小。粒度有两种表示方法：对于用机械筛分法来区分的较大磨粒，以其通过筛网上每英寸长度上的孔数来表示粒度，粒度号为4～240，共 27 个号，粒度号越大，颗粒尺寸越小；对于用显微镜测量来确定粒度号的微细磨粒(又称微粉)，以实测到的最大尺寸，并在前面冠以“W”的符号来表示，其粒度号为 W63～W0.5，共 14 个号，如 W7，即表示此种微粉的最大尺寸为 7～5μm，粒度号越小，则微粉的颗粒越细。

选择磨粒粒度时需遵循以下几点原则：

(1)在粗磨时，为了提高生产效率，一般选用磨粒粒度号较小或颗粒较粗大的砂轮。

(2)在精磨时，为了获得较细的表面粗糙度，一般选用磨料粒度号较大或颗粒较小的砂轮。

(3)在砂轮与工件接触面积较大或者砂轮速度较高时，为了使同时参加切削的磨粒数降低，减少工件表面因为发热而烧伤的情况，应该选用颗粒较粗大的砂轮。

(4)在磨削软而韧的金属时，为了避免砂轮过早堵塞，应该选用颗粒较粗大的砂轮。而在磨削硬而脆的金属时，为了提高生产率，应该增加同时参加磨削的磨粒数，适合选用颗粒较小的砂轮。

3)结合剂

结合剂起黏结磨料的作用。它影响砂轮的耐蚀性、强度和韧性等。最常用的是陶瓷结合剂。

4)硬度

砂轮的硬度是指在外力作用下磨粒脱落的难易程度。易脱落的称为软，反之则称为硬。它与磨料本身的硬度是两个完全不同的概念。磨削软材料选用硬砂轮，磨削硬材料时则选用软砂轮。粗磨采用软砂轮 ，而精磨时采用硬砂轮。

对于砂轮硬度的选择一般应参照如下几点原则：

(1)越硬的工件材料应该选择越软的砂轮，主要是因为越硬的材料越容易造成磨料磨损，使用较软的砂轮可以使磨钝的磨粒及时脱落。

(2)工件材料越软，为了使磨粒脱落速度变慢，使其发挥磨削作用，适合选择较硬的砂轮。但是在磨削铜、铝、橡胶、树脂等软材料时，为了方便堵塞处的磨粒容易脱落，露出锋利的新磨粒，应该选用较软的砂轮。

(3)磨削过程中，砂轮与工件的接触面积较大时，磨粒较易磨损，应选用较软的砂轮。磨削薄壁工件及导热性差的工件，亦应选用较软的砂轮。

(4)与粗磨相比，半精磨需要用较软的砂轮。但是为了较长时间保持砂轮的轮廓，在精磨和成型磨削时，应该选用较硬的砂轮。机械加工常用的砂轮硬度等级，一般为 H～N(软 2～中 2)。

5)组织

磨料、结合剂与气孔三者在体积上的比例关系即为砂轮组织。其根据磨料在砂轮体积中的百分比可分为紧密、中等和疏松三种。气孔可起容屑作用。一般磨韧性大、硬度低的材料选用疏松组织;磨削淬火钢、刀具时选用中等组织;成型磨削和精密磨削时则选用紧密组织。

2.3.2.2 砂轮的使用和修整

因为砂轮是在做高速运动,所以必须要保证工作的安全。因此在安装前对其进行安全检查是必不可少的,必须要保证其不能出现任何缺陷,如裂纹等。同时也需要进行平衡实验,保证砂轮工作稳定。

工作一段时间后,磨屑会将砂轮表面的空隙堵塞,也会磨钝磨料的锐角,会使原有的几何形状失真。因此,为了确保正确的几何形状,必须对砂轮进行修整以恢复其切削能力。

2.3.3 磨床

2.3.3.1 外圆磨床

外圆磨床主要有两种:普通磨床和万能磨床。普通外圆磨床只能用于外圆柱面和外圆锥面;万能外圆磨床不仅可以用于外圆柱面、外圆锥面,还可用于内圆柱面、内圆锥面和端面的磨削。除此之外还有可以单独磨削内圆柱面、内圆锥面和端面的内圆磨床。

为阐述外圆磨床的结构,下面将以 M1420A 万能外圆磨床为例来进行说明。

1)外圆磨床的编号

型号 M1420A 磨床中字母与数字的含义如下:

M——磨床类;

1——外圆磨床组;

4——万能型;

20——最大磨削直径的 1/10,即最大磨削直径为 200mm;

A——经过一次重大改进。

2)万能外圆磨床的组成

M1420A 万能外圆磨床的组成如图 2-28 所示,其主要部件的功能如下:

(1)床身。床身用来安装各部件,并保证各部件间相对位置的精度。床身上部装有工作台、砂轮架、头架和尾座等,内部装置有液压传动系统,床身上的纵向导轨供工作台移动。

(2)头架。头架上装有主轴,主轴端部可以安装顶尖、拨盘或卡盘,用以装夹工件;主轴由单独的电机通过皮带带动,改变皮带的传动位置,可以使工件获得不同的转速。

(3)工作台。工件纵向进给是在液压的驱动下,工作台沿着床身纵向导轨做往复运动来实现的;工作台的前侧面有一个 T 形槽,有两个换向挡块装在 T 形槽内,工作台的自动换向则主要由其来进行操纵。当然,工作台也可以进行手动操纵。工作台有上、下两层,上层可以在水平面内旋转一个微小的角度(±8°以内),以方便圆锥面的磨削。

(4)砂轮。砂轮是磨床磨削的刃具,由磨床的主电机带动,用来磨削工件;砂轮的旋转运动是磨床磨削加工的主运动,其旋转线速度不得超过砂轮上标记的安全线速度。

(5)砂轮架。专门用于砂轮部件的安装,并且有专门的电机通过皮带带动砂轮做高速旋转;在床身后面的横向导轨上砂轮架可以进行移动;移动方式有自动间隙进给、手动进给、快速趋近工件和退出;绕着垂直轴砂轮架可以进行一定角度的旋转。

(6)尾座。尾座上装有套筒,套筒内安装顶尖,用来配合头架安装顶尖、拨盘或用卡盘来装夹工件;尾座在工作台上的位置,可以根据加工工件的长度不同进行调整;扳动尾座上的杠杆,顶尖套筒可伸出或缩进,以便装夹工件。

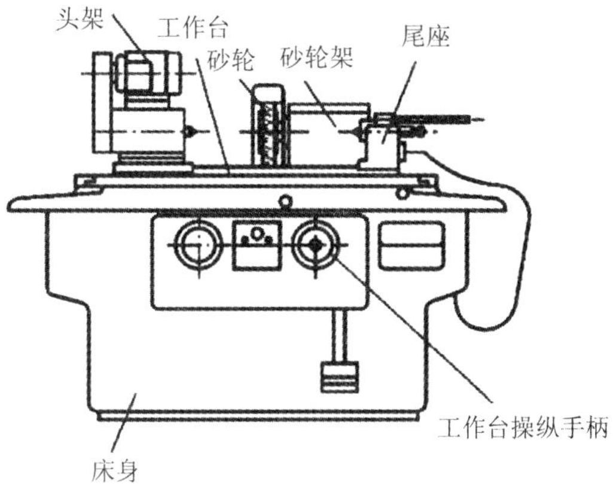

图 2-28　M1420A 万能外圆磨床

2.3.3.2　平面磨床

平面磨床主要用于磨削各类工件的平面。其中立轴式平面磨床是利用砂轮的端面对工件进行磨削;卧轴式磨床是利用砂轮的圆周面来磨削工件的;在矩形台平面磨床上,利用夹具还可以进行斜面磨削。

图 2-29 为 M7120A 型卧轴矩台平面磨床。型号 M7120A 中字母与数字含义如下:

M———磨床类;

71———卧轴矩台平面磨床;

20———最大磨削宽度的 1/10,即最大磨削宽度为 200mm;

A———经过重大改进。

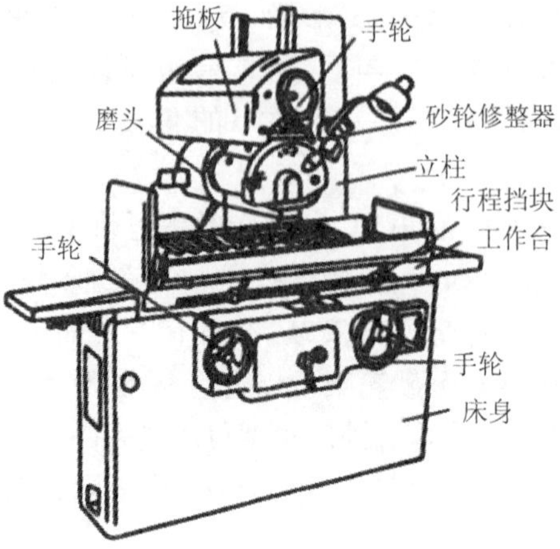

图 2-29　M7120A 平面磨床

M7120A 型平面磨床主要由床身、工作台、立柱、磨头及砂轮修整器等部件组成。在液压的驱动下，装在床身导轨上的长方形工作台做往复运动，也可以使用手轮操纵，以进行调整。在工作台上装有用来装夹工件的电磁吸盘或其他工具。沿着托板的水平导轨，磨头可以在横向上做进给运动，托板在液压驱动或者手轮操纵的条件下可沿立柱的导轨进行垂直移动，这些均可以调整磨头的高斯位置及完成垂直进给运动。装在磨头壳体内的电动机用来带动砂轮旋转。

2.3.4　磨削的基本操作

2.3.4.1　外圆磨削

1)工件装夹

磨削外圆常用的装夹方法有以下 3 种：

(1)顶尖装夹，主要用于轴类零件。在两顶尖安装工件时，所用的装夹方法基本上与车削中是一样的。但是在磨床中，在工件转动时顶尖是不动的，这样可以使加工精度得到提高，同时也可以避免在顶尖转动的过程中造成的误差。尾架顶尖是靠弹簧的推力来实现工件的夹紧，这种方式可以实现对松紧程度的自动控制。

工件中心孔形状不正确，或孔中有铁屑、污垢等，都会影响工件质量。在磨削前，可以通过对工件上起定位作用的中心孔进行修研和将润滑油涂在两顶尖级中心孔位置的方法来提高中心孔的几何形状精度和表面光洁度，进而达到磨削精度和光洁度的提高。通常情况下，在车床或钻床上用四棱硬质合金顶尖进行挤研和研亮就可。当修研的中心孔较大且修研的精度要求较高时，前顶尖就必须使用油石顶尖或铸铁顶尖，后顶尖使用一般顶尖。修研时，头架旋转，工件不旋转(用手握住)，研好一端再研另一端。

(2)心轴装夹。盘套类空心工件常以内孔定位磨削外圆，往往用心轴来装夹工件。心轴必须和卡箍、拨盘等传动装置一起配合使用。其装夹方法与顶尖装夹相同。

(3)卡盘装夹。卡盘有三爪卡盘、四爪卡盘和花盘三种,与车床基本相同。对无中心孔的圆柱形工件大多采用三爪卡盘;对不对称工件采用四爪卡盘,形状不规则的工件采用花盘装夹。

2)磨削用量

磨削加工时,砂轮的旋转运动为主运动,而工件的旋转运动、砂轮的纵向运动、砂轮的径向进给运动称为进给运动,这 4 个运动参数即为磨削用量。

(1)砂轮圆周速度 v_s:指砂轮外圆上任一点砂粒在单位时间内所走的距离,它是磨削时的主运动值。一般外圆磨削时的速度为 $v_s=30\sim50$m/s。如 MA1420A 万能外圆磨床的新砂轮外径为 300mm,转速为 2 230r/min,则此时的 v_s 为 35m/s。

(2)工件圆周速度 v_w:表示工件圆周进给速度,一般 $v_w=13\sim20$m/min。粗磨时取大值,精磨时取小值。

(3)纵向进给量 f_a:工件相对于砂轮轴线的移动量,一般 $f_a=(0.3\sim0.7)B$,B 为砂轮宽度。粗磨时取大值,精磨时取小值。

(4)径向进给量 a_p:工件相对于砂轮沿径向的移动量,又称磨削深度。一般 a_p 为 0.005～0.05mm。粗磨时取大值,精磨时取小值。

3)磨削方法

在外圆磨床上磨削外圆的方法,常用的有纵磨法和横磨法两种,而其中又以纵磨法用得最多。

(1)纵磨法:图 2-30 为纵磨法磨削外圆,砂轮在磨削时高速旋转(主运动),工件转动(圆周进给)并与工作台一起做往复直线运动(纵向进给)。砂轮在每一纵向行程或往复行程终了时做周期性的径向进给运动,磨削加工的深度在每一次磨削时都很小,在多次往复行程中可以将磨削余量除去。

用纵磨法磨削的工件的精度和光洁度都较高,这是因为纵磨时每次磨削的深度都很小,所以磨削力小、磨削热也少,并且散热的条件也比较好,同时在最后还会进行几次无切深进给的光磨,直到没有火花。另外,纵磨法还可以使用一个砂轮加工各种不同长度的工件,具有较大的适用性,缺点是生产率不高。

(2)横磨法:如图 2-31 所示,又称径向磨法。磨削时,工件转动但不做纵向往复运动,而砂轮做慢速横向进给运动,直至磨去全部磨削余量为止。采用横磨法,砂轮宽度上的磨粒都参加了磨削,生产率高,适合于刚性好的大批量加工,尤其适合于成型磨削。但由于工件无纵向进给运动,致使砂轮的外形直接影响工件的精度。同时,磨削时磨削力大,磨削温度高,工件表面易变形和烧伤。因此,加工精度和表面质量比纵磨法要差。

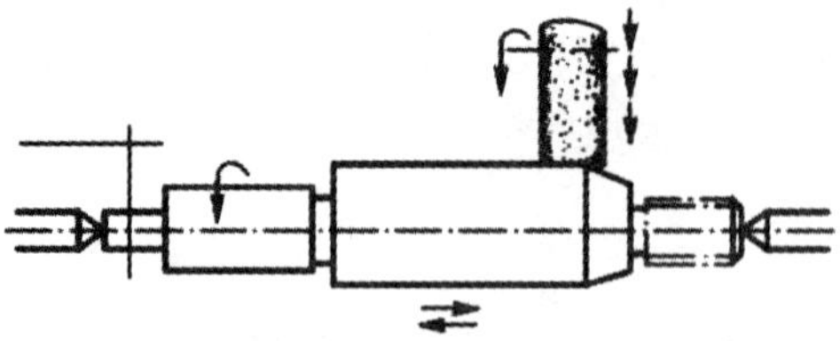

图 2-30　纵磨法磨削外圆

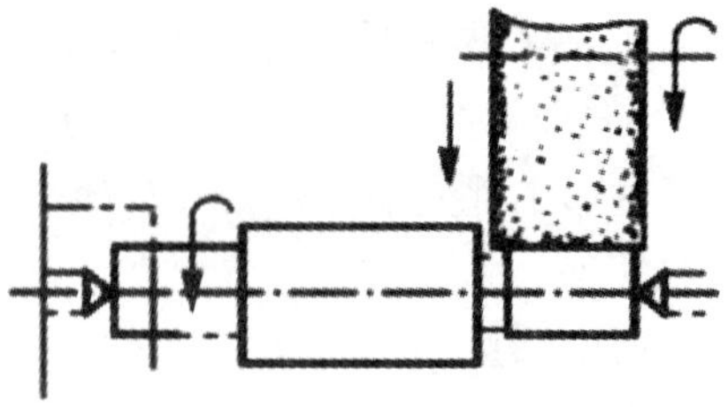

图 2-31　横磨法磨削外圆

2.3.4.2　平面磨削

1)工件装夹

工件的平面磨削加工，通常是在平面磨床上进行的。工件一般安装在有工件的平面磨削加工，常是在平面磁性的工作台上，靠电磁铁的吸力吸紧工件。图 2-32 为电磁吸盘的工作原理，芯体在电流通过线圈时被磁化，磁力线的方向是由芯体经过盖板—工件—盖板—吸盘体而闭合，工件将被吸住。绝缘层是由非磁性材料制成的，例如铅、铜、巴氏合金等非磁性材料。绝大部分的磁力线在绝缘层的作用下都会通过工件再回到吸盘体，这就能够使工件牢牢地吸在工作台上。像一些非金属材料或者一些较大工件的磨削，就需要在工作台上使用压紧装置固定工件。在磨削一些尺寸小的零件，如键、薄壁套、垫圈等时，由于工件尺寸小，所以其与工作台的接触面积就小，以至于吸力就会弱，这样在磨削的过程中就极易被磨削力弹出造成事故。因此，像这一类的工件在装夹时，为了防止工件的移动，通常会在工件的四周或左右两端用挡铁将其围住。

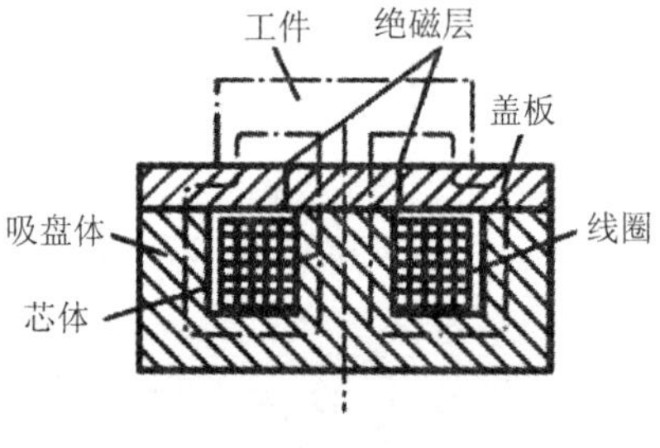

图 2-32　电磁吸盘的工作原理

2)磨削方法

一般在磨削平面时，是将其中的一个平面作为定位基准来对另一个平面进行磨削。对于要求平行磨削的两个平面，可以互为基准进行反复磨削。周磨法和端磨法是经常使用的磨削平面的方法。

(1)周磨法。如图 2-33 所示，砂轮与工件在周磨时的接触面积比较小，因此在这一过程中的排屑和冷却条件很好，发热小工件变形较小，并且砂轮圆周表面磨削均匀，加工质量高，特别适合易变形的、薄壁工件的磨削，而且加工质量也较高。其缺点是只适用于一般精磨，生产率低。

(2)端磨法。如图 2-34 所示，用砂轮的端面磨削工件。端磨时，由于砂轮轴伸出较短，而且主要是受轴向力，因而刚性好，能采用较大的磨削用量。另外，砂轮与工件接触面积大，所以生产效率高。但发热量大，也不易排屑和冷却，故精度低，一般用于粗磨。

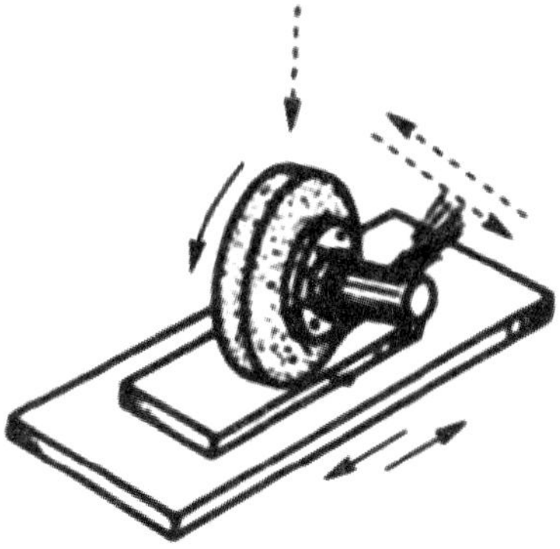

图 2-33　周磨法磨削平面

图 2-34　端磨法磨削平面

2.3.4.3　磨削液

磨削液的主要作用是降低磨削区的温度，起冷却作用；减少砂轮与工件之间的摩擦，起润滑作用；冲走脱落的砂粒和磨屑，以防止砂轮堵塞。磨削液的使用对磨削质量有重要影响。常用的磨削液有苏打水和乳化液两种。

1)苏打水

苏打水的成分为：无水碳酸钠(Na_2CO_3)，即纯碱，又名苏打粉，含 1%；亚硝酸钠(Na_2NO_2)含 0.25%；其余为水。它具有良好的冷却性能、防腐性能和洗涤性能，而且对人体无害，成本低，冷却性能高于乳化液，常用于高速强力粗磨，是应用最广的一种磨削液。

2)乳化液

乳化液的成分为：油酸，含 0.5%；硫化蓖麻油，含 1.5%；锭子油，含 8%；含 1%的碳酸钠的水溶液 90%。乳化液具有良好的冷却性能、润滑性能及防腐性能，常用于精磨。

2.4　齿形加工

2.4.1　齿形加工概述

渐开线圆柱齿轮传动，广泛应用于各种机械和仪器中。圆柱齿轮的结构形式，常用的有盘形、套形、圈形和轴形齿轮等。圆柱齿轮有 12 个精度等级，1 级最高，12 级最低。其中，1～2 级是有待发展的精度等级，3～4 级为超精密级，5～6 级为精密级，7～8 级为普通级，8 级以下为低精度级。7 级精度是用滚(插)、剃、珩等常用切齿工艺方法所能达到的基础级。齿轮和齿轮副的使用要求主要用切齿工艺方法所能达到的基础级。齿轮和齿轮副的使用要求主要包括:①齿轮的运动精度;②齿轮的工作平稳性;③齿面接触精度;④齿侧间隙。齿轮的运动精度,使传动的运动准确可靠是分度传动用的齿轮的主要要求;工作平稳,没有冲击和噪声是高速动力传动用齿轮的主要要求;齿轮的接触精度高,使啮合齿的接触面积最大,以提高齿面的承载能力和减少齿面的磨损是重载、低速传动用的齿轮的主要要求;齿轮间隙对于换向传动和读数机构非常重要,在有些时候是必须要进行消除的。根据齿轮的用途和工作条件,允许同一齿轮按四项使用要求采用不同的精度。

圆柱齿轮的加工工艺过程一般是:毛坯制造→热处理→齿坯加工→齿形加工→齿部热处理→齿轮定位面的精加工→齿形的精加工。

2.4.2 齿形加工方法

齿轮加工的关键是齿形的加工,可以用铸造或碾压(热轧、冷轧)等方法。铸造齿轮的精度低,表面粗糙。碾轧齿轮生产率高,力学性能好,但精度不高,未被广泛采用。由于刀具切削加工所能达到的齿形精度和齿面粗糙度能够满足一般齿轮的技术要求,因此,它是目前齿轮加工的主要方法。

2.4.2.1 齿形加工原理

齿轮的切削加工方法很多,但就其加工原理来说,只有成形法原理和展成法原理两种。

1)成形法

按成形法原理加工齿轮是利用与被加工齿轮齿槽法截面形相一致的成形刀具,在毛坯上加工出齿轮的齿形。这种成形刀具有单齿廓成形铣刀、多齿廓齿轮推刀、齿轮拉刀等几种。

(1)单齿廓成形铣刀。常用的单齿廓齿轮铣刀有盘形齿轮铣刀和指形齿轮铣刀,如图 2-35 所示。盘形齿轮铣刀适于加工模数小于 8mm 的直齿圆柱齿轮和斜齿圆柱齿轮。指形齿轮铣刀适于加工模数为 8～40mm 的直齿圆柱齿轮、斜齿圆柱齿轮,特别是人字形齿轮。这种方法的优点是所用刀具和夹具都比较简单,用普通万能铣床即可加工,生产成本低。但是,由于齿轮的齿廓为渐开线,对同一模数的齿轮,只要齿数不同,其渐开线齿廓形状就不相同,就应采用不同的成形刀具。但在实际生产中,每种模数的齿轮加工,通常只配有 8 把一套或 15 把一套的成形铣刀,每把刀具用于加工一定齿数范围的齿形,这样加工出来的齿廓是近似的。因此,这种方法加工的齿轮精度低,辅助时间长,生产率较低。单齿廓成形刀具只适于在单件、小批量生产的条件下加工 9 级精度以下的齿轮或修配工作中精度不高的齿轮。

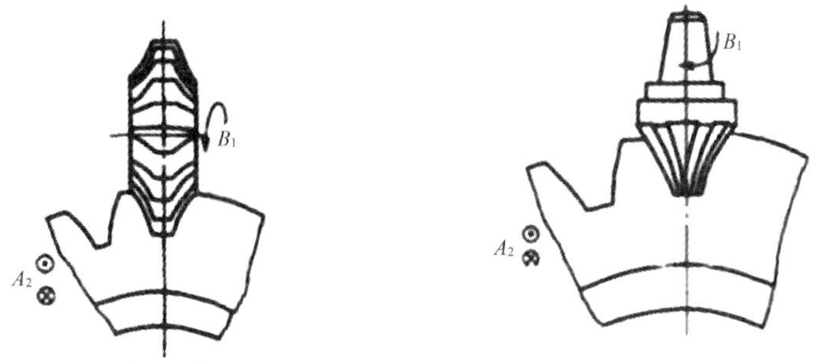

图 2-35　成形法加工齿轮

(2)用多齿廓成形刀具。如齿轮推刀或齿轮拉刀，其刀具的渐开线齿形可按工件齿廓的精度制造。加工时，在机床的一个工作循环中就可完成一个或几个齿轮的齿形加工，精度和生产率均较高。但齿轮推刀和齿轮拉刀为专用刀具，结构复杂，制造困难，成本较高，每套刀具只能加工一种模数和一种齿数的齿轮，所用设备也必须是专用的，因而仅适用于大量生产。

2)展成法

展成法是基于齿轮啮合原理形成的，它是将齿轮啮合副中的一个转化成刀具，一个作为工件，然后将刀具与工件作严格地啮合运动，这样就会在工件上切削出齿形。下面以滚齿加工为例进行说明。图 2-36 为滚齿加工示意。由图可以看出，滚齿加工过程相当于交错轴斜齿轮副啮合运动的过程，只是其有一个齿数很少的斜齿轮，其螺旋升角在分度圆上也较小，所以它便成为螺杆的形状；将此“蜗杆”开槽、铲背、淬火、刃磨等，便成为齿轮滚刀。当齿轮滚刀在工件上按给定的切削速度旋转时，工件上便会逐渐切出渐开线的齿形。齿形的形成是由滚刀在连续旋转中依次对工件切削的若干条刀刃线包络而成。

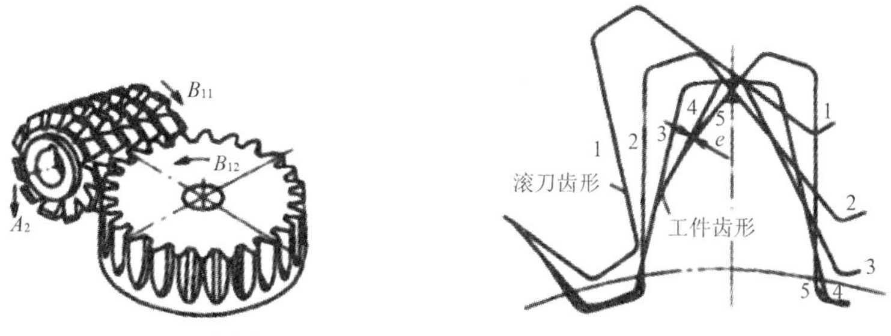

图 2-36　滚齿加工示意

按展成法原理加工齿轮时，刀具切削刃的形状与被加工齿轮齿槽的截面形状并不相同，而其切削刃渐开线廓形仅与刀具本身的齿数有关，与被加工齿轮的齿数无关。因此，每一种模数，只需用一把刀具就可以加工各种不同齿数的齿轮。此外，还可以用改变刀具与工件的中心距来加工变位齿轮。展成法加工齿轮的精度和生产率都较高，但是需要有专用机床设备和专用齿轮刀具。一般加工齿轮的专用机床构造较复杂，传动系统较多,设备费用高。

用展成法原理加工齿轮的方法很多,最常见的有滚齿和插齿。齿轮的精加工常用剃齿、珩齿和磨齿。

2.4.2.2 齿轮加工机床的类型

按照被加工齿轮种类的不同,齿轮加工机床可分为圆柱齿轮加工机床和圆锥齿轮加工机床两大类。

圆柱齿轮加工机床主要有滚齿机、插齿机、剃齿机、珩齿机和磨齿机等。滚齿机用于加工外啮合直齿圆柱齿轮、斜齿圆柱齿轮和蜗轮。插齿机用于加工内、外啮合的单联及多联直齿圆柱齿轮。剃齿机用于淬火前的外啮合直齿圆柱齿轮和斜齿圆柱齿轮的精加工。珩齿机用于热处理后的齿轮精加工。磨齿机用于淬火后的齿轮和高精度齿轮的精加工。

锥齿轮加工机床有直齿锥齿轮加工机床和弧齿锥齿轮加工机床两类,前者有刨齿机、铣齿机和磨齿机等,后者有铣齿机、磨齿机等。

2.4.2.3 基本加工方法

1)铣齿加工

铣齿加工是用模数铣刀在铣床上加工齿轮的成型加工方法。铣齿加工主要用于加工直齿、斜齿和人字形齿轮,如图 2-37 所示。

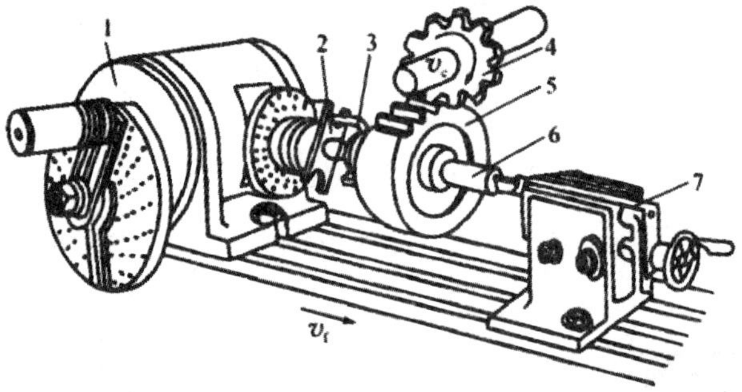

图 2-37 铣齿加工

1—分度头;2—拨盘;3—卡箍;4—模数铣刀;5—工件;6—心轴;7—尾座

(1)铣齿加工的切削运动。

①主运动:铣齿加工的主运动是齿轮铣刀的旋转运动。

②进给运动:工件纵向直线运动和分度运动为进给运动。

在铣床上铣齿时将齿坯装在心轴上,用分度头和顶尖安装,每次只能加工一个齿槽,完成一个齿槽的加工后,工件退回起始位置,对工件进行一次分度再接着铣下一个齿槽,直至完成整个齿轮。

(2)模数铣刀的选择。模数铣刀有盘状模数铣刀和指状模数铣刀之分。盘状模数铣刀用于卧式铣床,指状模数铣刀用于立式铣床,如图 2-38 所示。

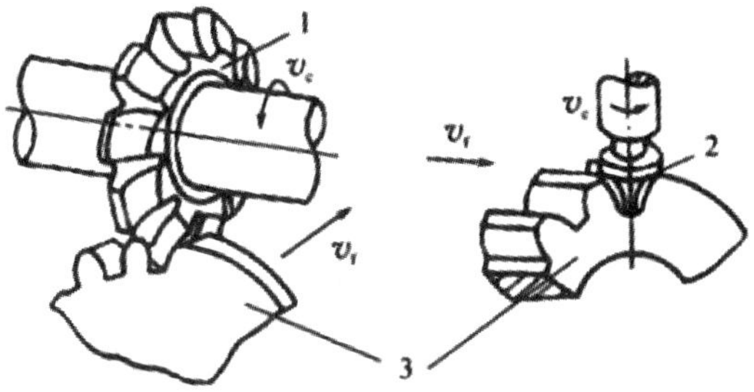

图 2-38　模数铣刀

1—盘状模数铣刀;2—指状模数铣刀;3—工件

渐开线齿轮的形状与其模数、齿数和齿形角有关。模数大于 8 的齿轮采用指状模数铣刀加工,其余采用盘状模数铣刀加工。在实际生产中,同一模数的铣刀分成 n 个号数,每号铣刀加工的齿数范围不同。加工时先根据被加工齿轮的模数,选择相应铣刀的模数,再按被加工齿轮的齿数选择相应号数的铣刀进行加工。加工齿轮时模数铣刀刀号的选择如表 2-2 所示。

表 2-2　模数铣刀的选用

刀号	1	2	3	4	5	6	7	8
加工齿数	12～13	14～16	17～20	21～25	26～34	35～54	55～134	≥135

(3)铣齿加工特点。铣齿加工不需要专用设备,成本低;生产率低,主要是由于铣刀每铣一个齿都要重复一次分度、切入、切削和退刀的过程,辅助时间多;加工出的齿轮精度低,一般为 9～11 级,主要是由于存在分度误差及刀具本身的理论误差。单件小批量生产及修配生产中加工转速低、精度不高的齿轮一般用于铣齿加工。

2)插齿加工

插齿加工是利用一对轴线平行的圆柱齿轮的啮合原理而加工齿形的方法。插齿加工主要用于加工直齿圆柱齿轮、多联齿轮及内齿轮等。插齿加工如图 2-39 所示。

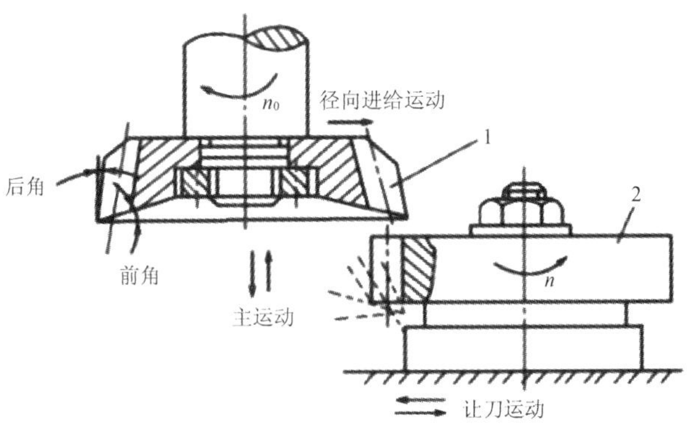

图 2-39　插齿加工

1—插齿刀;2—齿坯

(1)插齿加工的切削运动。插齿加工主要由主运动、对滚运动、径向进给运动和让刀运动组成。

①主运动:插齿加工的主运动是插齿刀的上下往复直线运动。

②对滚运动:插齿刀和齿坯之间的对滚运动,包括插齿刀的圆周进给运动和工件的分齿转动。插齿加工时,强制地要求插齿刀和被加工齿轮之间保持啮合关系。

③径向进给运动:为了完成齿全深的切削,在分齿运动的同时,插齿刀沿工件的半径方向做进给运动。

④让刀运动:插齿刀向下是切削运动,向上是空行程。为了避免回程时擦伤已加工工件表面,并减小插齿刀的磨损,要求工作台短距离的往复让刀运动,即空程时水平退让,切削时恢复原位。

(2)插齿刀。插齿加工是利用插齿刀在插齿机上加工齿轮的方法。插齿刀外形像一个齿轮,在其每一个齿上磨出前角和后角,形成锋利的刀刃。插齿加工中,一种模数的插齿刀可以加工模数相同而齿数不同的各种齿轮。

(3)插齿加工的特点。插齿加工精度、表面质量高,一般为 8~7 级,齿面的表面粗糙度 Ra 为 1.6μm。特别适合加工其他齿轮机床难于加工的内齿轮和多联齿轮等。

3)滚齿加工

滚齿加工是利用一对螺旋圆柱齿轮的啮合原理而加工齿形的方法。滚齿加工可以加工直齿外圆柱齿轮、斜齿外圆柱齿轮、蜗轮、链轮等。滚齿加工与滚切原理如图 2-40 所示。

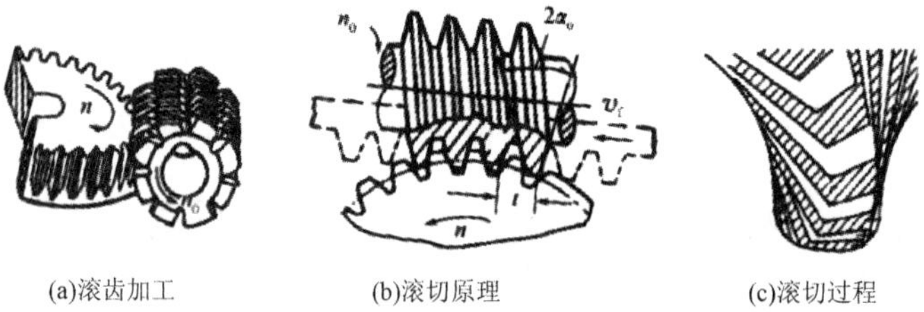

(a)滚齿加工　　(b)滚切原理　　(c)滚切过程

图 2-40　滚齿加工与滚切原理

(1)滚齿加工的切削运动。滚齿加工主要由主运动、分齿运动和垂直进给运动组成。

①主运动:滚齿刀的旋转运动,是滚齿加工的主运动。

②分齿运动:工件的旋转运动,滚齿刀和工件之间必须保证严格的运动关系。对于单头滚齿刀,滚齿刀每转一转,相当于齿条法向移动一个齿距,工件需相应地转过 $1/Z$ 转。如果是多头滚齿刀,则切削齿轮需转过 K/Z(Z 为被切齿轮的齿数,K 为滚刀头数)转。

③垂直进给运动:滚齿刀沿工件轴线的垂直进给运动,这是保证切削出整个齿宽所必需的运动。

(2)滚齿刀。滚齿刀是在滚齿机上加工齿轮的刀具。滚齿刀的外形像一个蜗杆,在垂直于蜗杆螺旋线的方向开出槽,并磨削形成切削刃,其法向剖面具有齿条的齿形。滚齿刀在旋转时，可以看作是一个无限长的齿条在移动。每一把滚齿刀可加工出模数相同而齿数不同的各种齿轮。

滚齿时，滚齿刀的旋转一方面使一排排切削刃由上而下完成切削运动，另一方面又相当于一个齿条在连续地移动。只要滚齿刀和齿坯的转速之间能严格地保持齿条和齿轮相啮合的关系，滚齿刀就可在齿坯上滚切出齿形。

滚齿刀刀齿的运动方向在滚齿时，必须与被加工齿轮的齿向一致。可是滚齿刀的刀齿是分布在螺旋线上，刀齿的方向与滚齿刀轴线并不垂直，这就要求把刀架板转一个角度使之与齿轮的齿向协调。滚切直齿轮时，这个角度就是滚齿刀的螺旋升角。滚切斜齿轮时还要考虑齿轮的螺旋角大小，根据螺旋角的大小及加工齿轮的旋向决定扳转角度的大小及方向。

(3)滚齿加工的特点。滚齿加工精度、表面质量较高，齿轮精度可达8～7级，齿面的表面粗糙度 Ra 为3.2～1.6μm。滚齿加工除了可以加工直齿和斜齿外圆柱齿轮外，还可以加工蜗轮、链轮等。但不能加工内齿轮，加工多联齿轮时也受限制。

第3章　精密与特种加工技术研究

精密与特种加工是一个多个学科相结合的综合加工技术，想要得到精度和质量都较高的加工表面，不仅需要了解加工的方法，而且需要考虑被加工工件材料、加工设备及工艺装备、检测方法、工作环境和人的技艺水平等。精密和特种加工技术与系统论、方法论、计算机技术、信息技术、传感器技术、数字控制技术相融合，推动了精密与特种加工系统工程的形成。本章主要研究精密加工方法、电化学加工技术、电火花加工及线切割、激光与超声波加工技术和电子束与离子束加工技术。

3.1　精密加工方法

3.1.1　精密切削加工

3.1.1.1　精密切削加工分类

按照加工刀具和加工表面的特点，精密切削加工可以分为以下几类，如表3-1所示。

表3-1　精密与超精密切削方法

切削方法	切削工具	精度/μm	表面粗糙度 Ra/μm	被加工材料
静默、超精密车削 精密、超精密铣削 精密、超精密镗削	天然单晶金刚石刀具、人造聚晶金刚石刀具、CBN刀具、陶瓷刀具、硬质合金刀具	1～0.1	0.05～0.008	金刚石刀具，有色金属及其合金等软金属材料，其他材料刀具
微孔加工	硬质合金钻头、高速钢钻头	10～20	0.2	

对金刚石车削的研究是精密切削探索的开端。使用天然单晶金刚石车刀切削加工软金属(如铝或铜等)和它们的合金，会获得非常高的加工精度和较低的表面粗糙度，同时经一部促进了金刚石精密车削加工方式的出现。随后，金刚石精密铣削和镗削加工方式也被人们研究出来并投入使用，它们各自在加工平面、型面和内孔时起到比较好的作用，得到很高的加工精度和很低的表面粗糙度。如今在对软金属材料进行加工时主要应用金刚石刀具精密切削加工的方式。而在进行黑色金属的精密加工时，通常采用新型超硬刀具材料(如复合陶瓷、立方氮化硼和复方氮化硅等)。

3.1.1.2　精密切削加工应用

1)磁盘基片的精密切削

磁盘存储器是计算机的主要外部设备之一。现代社会计算机技术不断发展，使得磁盘存储器的性能也逐渐提高，比如磁盘存储器的单位面积的存储密度每两年就有 1.5 倍的提升。而存储密度的提升导致磁头在磁盘上的浮动高度迅速降低。想要确保这种微小的浮动高度，需要磁盘表面存在较高的精度(表面粗糙度、径向的平直性、轴向振摆等)。例如，假如浮动高度是 0.3μm，那么磁盘的粗糙度 Ra 需要小于 0.015μm。因此，磁盘基片的高精度加工在磁盘存储器的研发中具有重要的地位。

可以满足磁盘精度的加工方法有研磨、抛光及超精密车削。过去多用研磨、抛光的方法加工磁盘，近几年由于基极材料多用铝、铜系的软金属，随着金刚石刀具超精密切削加工技术的进步，目前几乎均采用金刚石刀具超精密切削磁盘基片。尤其是最近所使用的铝材纯度越来越高，已由过去含铝 99%的铝合金发展到目前的 99.9%～99.99%的高纯度铝，更加突出了金刚石刀具切削的重要性。

2)陶瓷材料的精密切削

近年来，先进结构陶瓷获得了迅速发展，并且在军工、机械、冶金、核能等方面取得了十分显著的成就。

(1)可切削加工陶瓷材料特点。可切削加工陶瓷指的是在一般温度下就能够使用之前的加工机械或者刀具加工到要求的精度和外形表面粗糙度的陶瓷。可切削加工陶瓷材料分为可加工玻璃陶瓷(氟云母玻璃陶瓷、四硅酸氟云母可加工玻璃陶瓷)、可加工氧化物陶瓷($LaPO_4$ 的烧结体)和可加工非氧化物陶瓷(SiC、Si_3N_4—BN)三大类。这些可切削加工陶瓷材料在加工时具有两个最基本的特点：①可切削加工陶瓷材料脆，被加工表面容易产生微裂纹或发生解理，不易得到完整的微观表面质量；②可切削加工陶瓷基质晶粒硬度高，切削加工刀具的磨损严重，刀具寿命低。

(2)陶瓷的精密切削加工。可切削加工陶瓷材料的部分切削加工实验研究结果如图 3-1～图 3-3 所示。在正常切削情况下，切削氧化物陶瓷时刀具磨损比切削非氧化物陶瓷时大，即刀具寿命低。

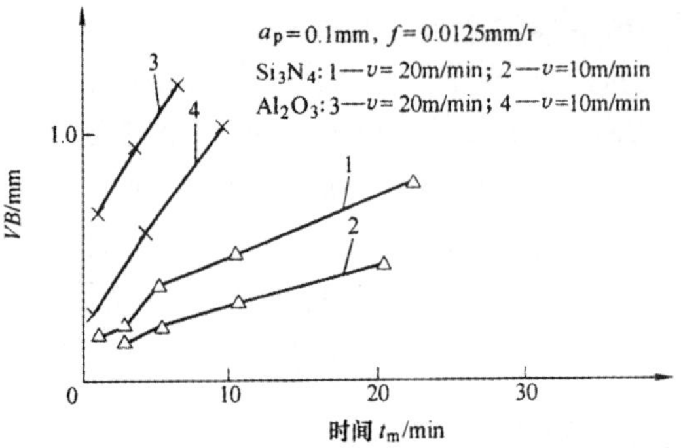

图 3-1 金刚石刀具车削 Al_2O_3、Si_3N_4 时的磨损曲线

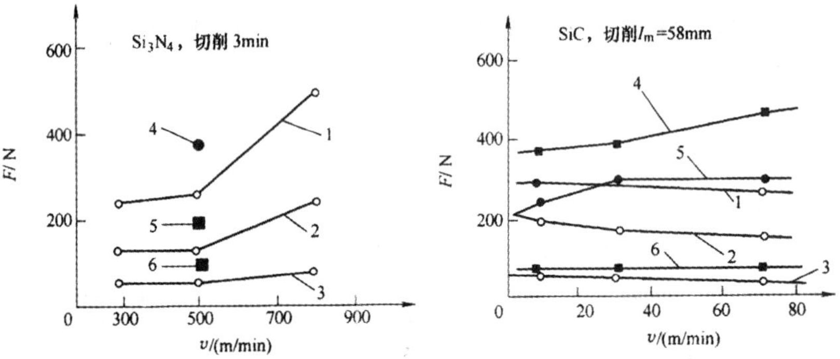

图 3-2 切削速度与刀具磨损的关系

干切：1—F_y；2—F_z；3—F_x

湿切：4—F_y；5—F_z；6—F_x

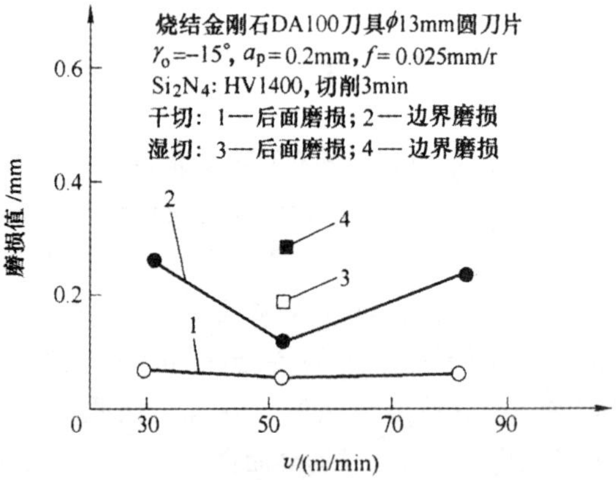

图 3-3 车削 Si_3N_4、SiC 陶瓷时切削力与切削速度的关系

由图 3-2 可以看出，湿切时刀具磨损远比干切时大，且干切时后面磨损值几乎与切静速度无关。因为切削温度不是影响刀具后面磨损的直接原因，而磨料磨损才是后面磨损的原因。切削非氧化物陶瓷时刀具磨损形态主要是边界磨损和后面磨损。车静 Si_3N_4、SiC 陶瓷时，各切削分力之间存在的关系为 $F_y>F_z>F_x$，如图 3-3 所示。

3.1.1.3 精密切削加工机床

1)精密主轴部件

精密主轴部件是精密和超精密机床的主要部件之一,其性能关系到精密和超精密加工的质量好坏。主轴的回转精度要求特别高,而且要求主轴转动稳定、没有震动,它主要所用的是精密轴承。传统的精密主轴使用的是超精密的滚动轴承,因其制造工艺较难,主轴精度比较稳定,难以有大的突破,因此在超精密机床主轴中较少应用。当前,空气静压轴承和液体静压轴承在超精密机床的主轴中应用得较多。

2)床身和精密导轨部件

精密机床的基本部件包含床身和导轨,它们的材料性能会对精密机床的加工质量产生重要影响。床身和导轨材料必须具有尺寸平稳,能够忍受磨损,不会出现严重的热膨胀,振动的抵抗性很强,加工的工艺很强等特征。现在精密机床在选用床身和导轨材料时,一般选用优质耐磨铁、花岗岩和人造花岗岩等。

导轨通常分为液体静压导轨、空气静压导轨、气浮导轨和滚动导轨4种。因为导轨运动速度不是很高,液体静压导轨温度的提升不是十分明显,而液体静压导轨刚度高,承载能力较强,直线运动精度较高且稳定,通常不会出现爬行现象,所以如今很多超精密机床采用液体静压导轨。气浮导轨和空气静压导轨具有高直线运动精度、运动平稳、无爬行、摩擦系数基本为零、不发热等特点,因此在精密机床中得到十分广泛的应用。

3)进给驱动系统

成型运动的精度将直接影响工件的加工精度。其主要有主运动和进给运动组成。进给系统的精度将直接影响进给运动的精度。所以精度机床需要有较高的进给驱动精度。

(1)精密数控系统。精密和超精密机床,需要道具相对工件作纵向和横向运动,所以两个方向的精密数控系统是必不可少的,其目的就是完成各个曲面的精密加工。

(2)滚珠丝杠副驱动。通常情况下,数控系统都是使用伺服电动机经由滚珠丝杠副驱动机床的滑板或工作台进行工作的。现在精密滚珠丝杠副还是作为大多数精密和超精密机床的驱动元件。

(3)液体静压和空气静压丝杠副驱动。液体静压丝杠副和空气静压丝杠副具有十分相似的结构,不同的是液体静压丝杠副使用压力油,而空气静压丝杠副使用压缩空气。空气静压丝杠副的进给运动十分稳定。然而有刚度稍低的不足之处,因此在进行正反运动改变时会出现微小的空行程。液体静压丝杠传动副使用效果好,然而其具有制造困难的缺点,所以目前并不多见。空气静压丝杠副和液体静压丝杠副比滚珠丝杠副具有更加稳定的进给运动。

(4)摩擦驱动。想要继续提升导轨的稳定性精度,现在一部分超紧密机床的进给驱动改为采用摩擦驱动,实际加工的结果显示,摩擦驱动的使用性能良好,因此,有些大规模的超精密机床的进给驱动系统就采用摩擦驱动。

(5)微量进给装置。想要进行精密和超精密加工,加工机床需要具有微量进给装置。使用微量给进装置,能够给精密和超精密供给微进给量,使机床的分辨率提升;用来作为加工误差的在线补偿,升高加工的形状精度;把非轴对称特殊曲线的坐标输入控制微量给进装置给进量的计算机中,能够加工非轴对称特殊曲面,可以用作超薄切割。现在高精度微量进给装置的分辨率已经达到了 0.001～0.01μm。

3.1.2 精密磨削加工

3.1.2.1 精密磨削加工分类

精密磨削加工是使用细粒压的微粉或磨粒加工黑色金属、硬脆材料等进行加工,得到较好的加工精度和较小的表面粗糙值。它是使用微小的多刃刀具削除细微切屑的一种加工方法,通常指砂轮磨削和砂带磨削。精密磨削和超精密磨削在 20 世纪 60 年代有了飞速的发展,如今已经包括了磨料的加工。因此,精密磨削加工的分类如表 3-2 所示。

表 3-2 磨削加工分类

磨削加工	固结磨削加工	磨削:砂轮磨削、砂带磨削
		研磨
		超精加工
		珩磨
		砂带研抛
		超精研抛
	游离磨削加工	抛光
		研磨:干式研磨、湿式研磨、磁性研磨
		精密研磨
		滚磨:回转式、振动式、离心式、主轴式
		珩磨:挤压珩磨
		喷射加工

3.1.2.2 精密磨削加工机床

精密机床是保证精密加工最主要的条件,加工精度需要的提升和精密加工技术的进步导致对机床精度的要求的持续提升,精密机床和超精密机床不断发展。精密磨削加工需要在固定的精磨床上进行,能够使用 MG 系列的磨床或将普通磨床进行修改,使用的磨床需要满足以下条件。

1)高几何精度

精密磨床需要具有较好的几何精度,重点有砂轮主轴的回转精度和导轨的直线度,用来确保工件的几何形状精度。主轴承能够使用空气静压轴承、液体静压轴承、整体多有楔式轴承及动静压组合轴承等。

2)减少振动

精密磨削时假如出现振动,将会严重影响加工质量。精密磨床的结构设计上要有降低机床振动的措施。例如,电动机的转子和砂轮应该通过动平衡试验,精密磨床要安装在防振地基上等。

3)高刚度

超精密磨削时切削力不是太大,然而精度有较高的要求,应该尽可能降低弹性让刀量,提升磨削系统刚度。

4)减少热变形

精密磨削中热变形导致的加工误差能够超过总误差的一半,因此为了精密磨削加工的精度的提升,热变形就成了首先需要解决的问题。机床上的热源分为内部热源和外部热源两部分。机床热变形影响内部热源,而机床的使用情况将影响外部热源。精密磨削通常在(20±0.5)℃恒温室内进行。对于磨削区充注数量巨大的冷却液具有去除外部热源的作用。机床的热变形是十分复杂的,每种热源带来的热量,有一些消散在空间范围内,另一部分被冷却液吸收。热量的产生和消散逐渐达到平衡,热变形也越来越稳定。磨床开始工作后需要3～4h才能达到平衡,精密磨削通常需要在机床的热变形平衡后再进行。

5)低速进给运动的稳定性

砂轮的修正导成需要10～15mm/min。因此,工作台需要低速进给运动,并且无爬行、无冲击现象,稳定工作。因此,机床工作台运动的液压系统要采取特殊的设计,节流阀要低流量,空气需要排净,工作台导轨压力润滑,确保工作台能够速度较低地平稳运行。横向进给也要保持稳定和精确的运动,应该具有较高精度的横向给进系统,确保工件的尺寸精度和砂轮修改时的微刃和等高的特征。

6)微量进给装置

微量进给装置是为了进行微量切除而安装的。通常在横向进给(切身)的方向都安装有微量进给装置,让砂轮得到2～50μm的行程,位移的精度是0.02～0.2μm,分辨率为0.01～0.1μm的位移。

3.2 电化学加工技术

3.2.1 电解加工

3.2.1.1 电解加工特点

1)电解加工的主要优点

(1)加工范围广。能够对硬度、强度、韧性等都较高的金属材料(如硬质合金、淬火钢、不锈钢、耐热合金、钛合金等)进行加工。同时也可以对复杂的三维型面(如叶片、花键孔、炮管膛线、锻模等)、薄壁和异形零件进行加工。

(2)加工效率高。可以一次进给,直接成型。与电火花加工相比,其加工效率高出几倍。甚至在一些条件下,比切削加工的效率更高,并且加工质量并不直接影响加工效率。

(3)表面质量好。加工表面没有剩余的应力层和毛刺飞边,不会影响材料的强度和硬度。能够得到很好的表面粗糙度(Ra1.25～0.2μm)和约为±0.1mm 的平均加工精度。

(4)理论上阴极工具不会有任何损耗,因此能够长期使用。

(5)电解加工过程是一种典型的离子去除过程,这使其在微纳制造中将大有可为。

2)电解加工的缺点及局限性

(1)电解加工属于典型的多场耦合过程,影响因素多且复杂,达到平稳加工和很高的加工精度比较难。

(2)加工型面、型腔的工具电极的设计、制造和修正难度较大,因而加工复杂型面零件时,工具阴极的制造周期较长。

(3)电解加工设备的投资多,需要的面积广。

(4)电解液会腐蚀工装和设备,电解产物处理不好易造成环境污染。

3.2.1.2 电解加工应用

1)深孔加工

使用以前的方法加工深径比高于 5∶1 的深孔会导致刀具损坏程度大,表面质量较差,加工效率很低。使用电解加工的优势很显著,例如电解加工 ϕ4mm×2 000mm,ϕ100×8 000mm的深孔,加工精确度、表面质量和加工效率都比较好。

根据阴极的运动方式不同,电解加工深孔的方式分为固定式电解加工和移动式电解加工。

(1)固定式电解加工。固定式电解加工的主要特点：工件与工具间无相对运动，设备简单、生产率高、操作方便、便于实现自动化。但工具阴极长度必须大于工件，否则容易在电解液进口至出口处由于流速、温度及电解液中氢氧化铁的含量不同而造成工件同一表面粗糙度的不同和尺寸精度的不均匀。固定电解加工所需电源功率比大，加工中要根据加工间隙的变化，调节加工参数。因此，固定式电解加工适于孔径较小、深度不大的工件，如花键孔、花键槽等。

(2)移动式电解加工。移动式电解加工的特点：工件固定在机床上，加工时工具阴极在工件内孔做轴向移动。阴极短，精度要求较低，制造简单，不受电源功率的限制，主要用于深孔加工，特别是细长孔。在工具电极移动的同时，再作旋转，可加工内孔镗线。

2)型腔加工

多数锻模为型腔模，因为电火花加工的精度比电解加工易控制，所以目前大多采用电火花加工。但由于它的生产率较低，因此对锻模消耗量比较大，而精度需求较低的汽车拖拉机、煤矿机械等制造厂，越来越多的使用电解加工。复杂型腔表面加工时，电解液流畅不易均匀，在流速、流量不足的局部区域电蚀量将偏小，在该处容易形成短路。此时应在阴极的对应处加开增液孔或增液缝，增补电解液，使流畅均匀，避免短路烧伤现象。

3)电解抛光

电解抛光是使用金属在电解液电化学阳极的溶液对工件表面采取腐蚀抛光的表面光整加工的方法。其余电解加工的不同点是工件与工具间的加工间隙较大，电流密度小，电解液一般不流动，必要时加以搅拌。因此，电解抛光只需要直流电源、各种清洗槽和电解抛光槽。

因此，电解抛光所需的设备比较简单，包括直流电源、各种清洗槽和电解抛光槽，不像电解加工那样需要昂贵的机床和电解液循环、过滤系统，抛光用的阴极结构比较简单。

相比于机械抛光，电解加工的速度快，同时抛光完成后表面会产生紧密并且不易除去的氧化膜。但是一般不会出现变质层，也不会产生新的表面残余的应力，而且不受加工材料(如不锈钢、淬火钢、耐热钢等)硬度和强度的限制，因而在生成中经常采用。

3.2.1.3　电解加工设备

电解加工设备有机床本体、整流电源和电解液系统及其控制系统组成。每个部分既存在一定程度的独立，又需要在固定的技术工艺要求下达到一定程度的统一，形成一个彼此关联、互相约束的统一的整体。因此，电解加工技术具有特殊性、综合性和复杂性的特点。

图 3-4 为电解加工设备的构成图。图中的双点画线范围内的部分是其主要部分。

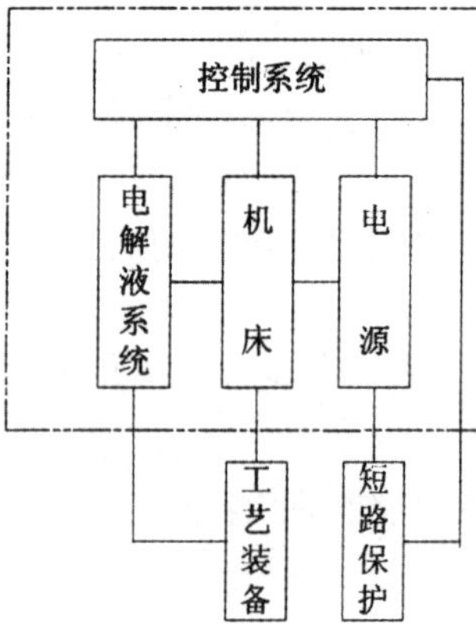

图 3-4　电解加工设备组成

按照电解加工的特别的工作条件，电解加工设备有如下基本要求：

(1)机床刚性较强。如今，电解加工中普遍使用电流大、间隙小、电解液压力高、流速高、脉冲电流和振动进给等技术，导致电解加工机床总是在动态和突变的大负荷下工作。想要保障加工的高精度和稳定性，需要存在极强的静态和动态刚性。

(2)进给速度稳定性较高。电解加工的过程中，金属阳极溶解量和电解加工的时间是正比的关系。进给速度如果不能达到平稳，阴极相对工件的每个截面的作用时间也不相同，这会直接对加工精度造成影响。

(3)设备的耐腐蚀性良好。机床工作箱和电解液系统的零部件需要存在优秀的抗化学和电化学腐蚀的性能，其余零件(包括电气系统)也需要存在对腐蚀性气体的抗侵蚀性能。使用酸、碱电解液的设备还需要有良好的抗酸和抗碱能力。

(4)电气系统抗干扰能力较强。机床运动部件的控制和数字显示系统需要保证一切功能都不会彼此干扰，同时存在对工艺电源大电流通断和极间火花的干扰的抗性。电源短路保护系统能够对电解加工设备本身和周边设备的非短路信号产生干扰作用。

(5)大电流传导性较好。电解加工的过程中需要对大电流进行传输，因此需要尽可能减小导电系统线路压降，从而降低电能的消耗，提升传输的效率。在脉冲电流加工过程中，还要采用低电感导线，以避免引起波形失真。

(6)安全措施完备。为确保加工中产生的少量危险、有害气体和电解液水雾有效排出，机床应采取强制排风措施，并且应配备缺风检测保护装置。

3.2.2　阴极沉淀加工

3.2.2.1　电铸加工

1)电铸加工特点

电铸加工具有以下特点：

(1)可以精确地复制形状复杂的成型表面，制件表面粗糙度($Ra=0.1\mu m$ 左右)小，用同一原模能生产多个电铸件(其形状、尺寸的一致性极好)。

(2)设备简单，操作容易。

(3)电铸速度慢(需几十甚至上百小时)，电铸件的尖角和凹槽能够很轻易地得到优质的铸层，尺寸大却薄的铸件可能会导致变形。

2)电铸加工应用

电铸加工的应用包含以下几个方面：

(1)对精致的表面轮廓花纹(如唱片模、工艺美术品模、纸币、证券、邮票的印刷版等)进行复制。

(2)对注射用的模具和电火花型加工用的电机工具进行复制。

(3)对复杂、精度高的空心零件和薄壁零件(如波导管等)进行制造。

(4)对特殊零件(如表面粗糙度标准样块，反光镜、表盘、异形孔喷嘴等)进行制造。

3)电铸加工的工艺过程

电铸加工型腔的工艺过程一般为：

型芯设计与制造→型芯预处理→电铸→清洗→脱模→机械加工

型芯的尺寸、形状应与型腔完全一致，而在沿型腔深度方向，尺寸要比型腔大 8～10mm，以备电铸后切去交接面上粗糙部分。此外，为便于脱模，型芯的电铸表面应有不小于 15°的脱模斜度，并要求抛光至 $Ra=0.16\sim0.08\mu m$。

型芯可以用金属材料做成，如钢、铝合金，低熔点合金等，也可以用非金属材料做成，如石膏、木材、塑料等。

型芯在电铸前都要做预处理，其过程一般为：

抛光→去油→镀铬→去油→装挂具

如果是用非金属材料做成的，还要对其进行表面导电化处理及防水处理。

由于电铸型腔的强度不高，硬度较低，目前主要用于受力较小的塑料注射模型腔，如笔杆、笔套、吹塑制品、搪塑玩具、工艺制品以及电火花加工的工具电极等。

3.2.2.2　涂镀加工

1)涂镀加工特点

(1)无须镀槽，可对局部表面涂镀，设备简单，操作方便，不会受到工件大小和形状的影响，而且不需要拆下零件就能够在现场对其局部刷镀。

(2)涂液种类和可涂镀的金属相比于槽镀来说，数量要多，使用和修改容易，更方便实现复合镀层，一整套设备能够完成对金、银、铜、铁、镍等金属。

(3)涂镀和普通金属的接合力比槽镀的牢固，涂镀速度比较快(镀液中离子浓度高)，并且镀层厚度具有良好的可控性。

(4)工件和镀比之间存在相对运动，因此通常需要进行人工操作，因此大批量和自动化的生产比较难。

2)涂镀加工应用

涂镀加工主要用于修复零件磨损表面的尺寸和零件表面的划伤、凹坑、斑蚀、孔洞等缺陷,实施超差品修复,能够使用在大型、复杂、单件小批工件的表面局部镀镍、铜、锌、镉、钨、金、银等防腐层、耐腐层等,提升表面性能。

3.3 电火花加工及线切割

3.3.1 电火花加工

电火花加工是一种主要利用热能进行加工的常用特种加工方法。在进行加工时,工具和工件之间不直接接触,并存在持续放电的脉冲性火花,导致出现部分、瞬时的高温把金属材料渐渐蚀除掉,以达到最终要求的几何形状与表面质量。由于放电过程可见到火花,故称为电火花加工。

3.3.1.1 电火花加工特点

1)电火花加工的优点

(1)适用于难切削材料的加工。因为加工中除去材料是依靠放电时的电热作用来进行的,材料的加工性能是由材料的导电性和热学性质[如熔点、沸点(气化点)、比热容、热导率、电阻率等]决定的,而和它的力学性能基本没有关系。因此无须考虑传统切削加工对于刀具的多种要求,使软工具加工硬工件成为可能,甚至能够加工一些超硬材料(如聚晶金刚石和立方氮化硼等)。

(2)能够对特殊及复杂形状的零件进行加工。因为加工时工件和工具电解之间有间隙,不存在机械加工的宏观切削力,所以适用于对低刚度和微细尺度工件的加工。并且它的加工过程主要是把工具电极的形状复制到工件上。因此,电火花加工也适合作为复杂表面形状工件(如复杂型腔模具加工等)的加工方法。

2)电火花加工的缺点

(1)一般适合加工导电材料,如金属材料等,然而在合适的条件下也能够对半导体和聚晶金刚石等非导体超硬材料进行加工。

(2)加工速度通常比较低。

(3)电极有一定的消耗。因为电火花加工主要通过电热作用来对金属进行加工,在这个过程中,也会消耗部分电极。

(4)对最小角部半径有一定的要求。和加工放电的间隙(一般为 0.02～0.30mm)相比,通常电火花加工最终获得的最小角部半径要大一点。如果电极有消耗或使用平动头进行加工，那么角部半径还会更大。

3.3.1.2　电火花加工应用

(1)可直接加工各种金属及其合金材料，尤其是难切削加工材料，如高温合金、钛合金和淬火钢等。通过一定的工艺手段，亦可加工半导体和非导体材料。

(2)能够对不同形状的复杂的型孔(包括圆孔、方孔、多边形孔、异形孔、曲线孔、螺纹孔等)和型腔工件(叶片、模具等)进行加工，如加工从数微米的孔、槽到数米的超大型模具和工件。

(3)不同工件和材料的切割，如材料的切断下料、特殊结构工件的切割、切割微细窄缝及微细窄缝组成的工件，例如金属栅网、慢波结构、异形孔喷丝板、激光器件等。

(4)加工各种成型刀、样板、工具、量具、螺纹等成型零件。

(5)刻字、打印铭牌和标记。

(6)工具、模具表面强化。

(7)辅助应用。例如除去断裂在工件中的丝锥、钻头，修复磨损件，磨合齿轮啮合件等。

如上所述，电火花加工的优势十分明显，因此它的应用范围越来越广泛，如今已经在航空、航天、机械(特别是模具制造)、电子、电机电器、精密机械、仪器仪表、汽车拖拉机、轻工等行业有着十分广泛的应用。其加工的范围从几微米到几米不等，对小轴、孔、缝和超大型模具和零件都有很好的加工效果。

3.3.1.3　电火花加工工艺方法分类

根据工具电极和工件之间的运动的方法和加工的作用的差异，通常将电火花加工分成电火花穿孔成型加工、电火花线切割、电火花磨削和镗磨、电火花同步共轭回转加工、电火花高速小孔加工、电火花铣削加工和电火花表面强化与刻字等 7 种。各种加工方法的特征和作用如表 3-3 所示。

表 3-3　电火花加工工艺方法分类

类别	方法	特征	作用	备注
1	电火花穿孔成型加工	1. 工具和工件间主要有一个相对的伺服进给运动 2. 工具为成型电极，与被加工表面有相同的截面或形状	1. 型腔加工：加工各类型腔模及各种复杂的型腔零件 2. 穿孔加工：加工各种冲模、挤压模、粉末冶金模、各种异形孔及微孔等	约占电火花机床总数的 30%，典型机床有 D7125、D7140 等电火花穿孔成型机床

续表 3-3

类别	方法	特征	作用	备注
2	电火花线切割加工	1. 工具电极为沿其轴线方向移动着的线状电极 2. 工具与工件在两个水平方向同时有相对伺服进给运动	1. 切割各种冲模和具有直纹面的零件 2. 下料、截割和窄缝加工 3. 直接加工出零件	约占电火花机床总数的60%，典型机床有 DK7725、DK7740s 数控电火花线切割机床
3	电火花磨削和镗磨	1. 工具与工件有相对的旋转运动 2. 工具与工件间有径向和轴向的进给运动	1. 加工高精度、表面粗糙度值小的小孔，如拉丝模、挤压模、微型轴承内环、钻套等 2. 加工外圆、小模数滚刀等	约占电火花机床总数的3%，典型机床有 D6310 电火花小孔内圆磨床
4	电火花同步共轭回转加工	1. 成型工具与工件均作旋转运动，但二者角速度相等或成整数倍，接近的放电点可有切向相对运动速度 2. 工具相对工件可作纵、横向进给运动	以同步回转、展成回转、倍角速度回转等不同方式，加工各种复杂型面的零件，如高精度的异形齿轮，精密螺纹环规，高精度、高对称、表面粗糙度值小的内外回转体表面等	约占电火花机床总数的1%以下。典型机床有 JN. 2、JN. 8 等内外螺纹加工机床
5	电火花高速小孔加工	1. 采用 ϕ0. 3～3mm 空心管状电极，管内冲入高压水基工作液 2. 细管电极旋转	1. 加工速度可高达60mm/min，深径比可达 1∶100 以上 2. 线切割预穿丝孔 3. 深径比很大的小孔，如喷嘴等	约占电火花机床总数的2%，典型机床有 D7003A 电火花高速小孔加工机床
6	电火花铣削加工	工具电极相对工件作平面或空间运动，类似常规铣削	1. 适合用简单电极加工复杂形状 2. 由于加工效率不高，一般用于加工较小的零件	各种数控电火花加工机床
7	电火花表面强化、刻字	1. 工具在工件表面上振动 2. 工具相对工件移动	1. 模具刃口，刀、量具刃口表面强化和镀覆 2. 电火花刻字、打印机	约占电火花机床总数的2%～3%，典型机床有 D9105 电火花强化机等

3.3.1.4　电火花加工机床

电火花加工机床通常由脉冲电源、间隙自动进给调节系统、工作液及其循环过滤系统、主机部分组成。

1)脉冲电源

将直流或者工频交流电转化成固定频率的单向脉冲电流，并向电火花加工供给能量是电火花加工的脉冲电源的主要功能。在电火花加工机床中，脉冲电源具有重要的作用，它对加工速率、加工平稳度、工具电极的损耗情况和加工精度都有着重要的影响。

2)间隙自动进给调节系统

在进行电火花加工的过程中，工具和工件不能直接接触。因为工件不断被蚀除，电极也存在一部分损失，工具与工件的间隙会持续增大。因此工具需要在工件材料蚀除的过程中进给，达到工件要求的外形和质量，并且需要持续的调整进给的速度，需要时也可能停止进给或回退来保证放电间隙合适的大小。这是因为瞬时蚀除量和放电间隙的物理状态是变化的，间隙过大不能产生火花放电，间隙太小可能导致拉弧烧伤或短路。如出现这两种情况，工具电极要立刻远离工件，等不短路后再重新调节到合适的放电间隙。由于放电间隙较小，并且在工作不能检查和测试，所以需要使用自动进给调节系统来保证放电间隙的适当距离。

3)工作液循环过滤系统

工作液循环过滤系统由工作液箱、电机、泵、过滤装置、工作液槽、油杯、管道、阀门以及测量仪表等组成。放电间隙中的电蚀产物数量达到一定程度就可能使加工后的侧表面之间产生二次放电，影响加工精度和热量的储存。想要除去放电间隙中的电蚀产物，主要有以下几种方法：主动扩散、固定抬刀、工具电极添加振动功能和强制循环。工作液强制循环的方式有两种，如图 3-5 所示。其中图 3-5(a)(b)为冲油式，比较容易实现，排屑冲刷性能较好，通常较为常用。因为电蚀产物依然通过已经加工的区域，所以会对加工精度产生影响。图 3-5(c)(d)是抽油式，加工时分解出来的气体容易在抽油回路的死角处沉积，遇到电火花引燃就会出现爆照“放炮”，所以通常较少采用，一般仅用在小间隙和精加工中。

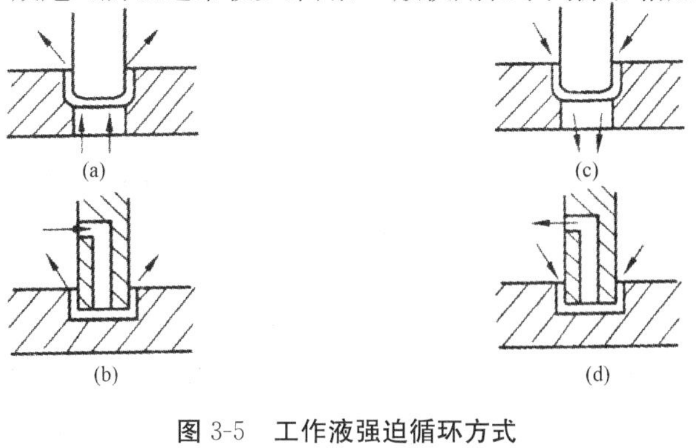

图 3-5　工作液强迫循环方式

(a)(b)冲油式；(c)(d)抽油式

4)主机部分

电火花加工机床形式多样，按照加工工件的差异能够分为台式、滑枕式、龙门式、便携式、悬臂式和框形立柱式几种。

电火花加工机床的组成部分有床身、立柱、主轴头、工作台、工作液循环过滤器和附件等。其主要作用是支撑、固定工件和电极，它的传动机构能够对工件和电极间的相对位置进行调节，实现点击的进给运动。为减少机床变形，保持必要的精度，机床各主要部分要有一定的刚度。坐标工作台安装在床身上，主轴头安装在立柱上，其布局与立铣相似。

3.3.2 线切割

线切割是基于电火花加工而出现的一类全新的加工方法。因为是使用线形状的电极（一般是钼丝或者铜丝）依赖于火花放电对切割加工工件，因此将其称为电火花切割。

3.3.2.1 线切割特点

线切割加工一般存在下述几个方面的特点：

(1)线切割的电极工具为金属丝，其直径是 0.03～0.35mm，输入控制程序就能够加工，不用制造固定形状的电极。一般用作硬度、强度、韧性和脆性都较高的导电材料（如淬火钢、硬质合金等）。

(2)由于电极工具是直径较小的细丝，故加工工艺参数的范围较小，可对微细异型孔、窄缝和复杂形状的工件进行加工。

(3)可以对不同的外形繁杂的原料（如冲模、凸轮等）进行加工，其尺寸精度能够达到 0.01～0.02mm，表面粗糙度 Ra 能够达到 1.6μm。同时能够对倾斜的工件或模具进行加工。

(4)因为其切缝较小，切割时仅仅是对工件材料实行“套料”加工，所以剩下的材料依然能够使用。

(5)自动化的程度比较高，操作简便，较轻松。

(6)加工效率高，花费少。

3.3.2.2 线切割应用

线切割的广泛应用，给新产品的试验制作、精密零件加工和加工模具等方面带来了不同的工艺流程。线切割具体应用如下所述。

1)试制新产品及零件加工

在进行新产品的研发时，经常需要加工出一个样品，采用线切割直接进行零件的加工，例如试制切割独特的微电机硅钢片定转子铁心，因为不需要单独制造模具，能够在很大程度上减少制造时间和费用。在进行冲压生产的过程中，没有制造落料模前要用线切割加工的试样进行成型等随后的加工，得到证实后再对落料模进行制造。除此之外，修改设计、变更加工程序都比较方便，加工薄件时还能够很多片叠加后进行加工。在进行零件制造时，能够应用于种类繁多、数量稀少、特殊难加工的零件的加工。还有线切割机床存在锥度切割，因此能加工"天圆地方"等上下不同面的零件。同时能够进行微细加工，型槽和标准缺陷的加工等。

2)加工特殊材料

想要切割一些硬度高、熔点高的金属，机加工的方法很难做到，但是线切割加工既节约成本又能得到良好的质量。用线切割对于一般穿孔加工用的电极、带锥度型腔加工用的电极、电火花成型的电极以及铜钨、银钨合金之类的电极材料进行加工十分节省成本，并且线切割也适合对微细复杂形状的电极进行加工。

3)加工模具零件

电火花线切割加工的使用范围通常有挤压模、塑料模、冲模和电火花型腔模的电极的加工。因为电火花线切割加工机床加工速度和精度都有了显著的提升，如今已经可以媲美坐标磨床。例如中小型冲模，材料为模具钢，之前一直采用分开模和曲线磨削的方法加工，如今已经改为电火花切割加工，时间减少了 3/4～4/5，成本也节约了 2/3～3/4，并且具有配合精度高的优点，无须比较熟练的工人即可操作。因此部分工业比较发达的国家的精密冲模的磨削等流程，已经被替换为电火花和电火花线切割加工。

3.3.2.3　线切割机床

电火花线切割加工的机床有很多种，其设备也不相同，普通的线切割机床通常包含机床本体、脉冲电源、控制系统、工作液循环系统和机床附件等几个部分。本节主要以高速走丝线切割加工设备为例进行阐述，如图 3-6 所示。

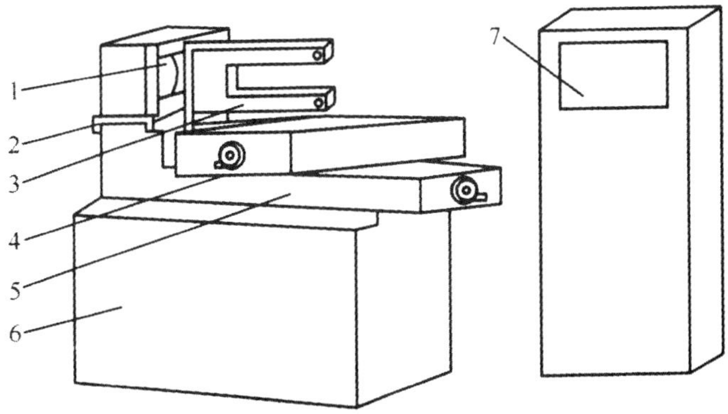

图 3-6　高速走丝线切割加工设备组成

1—卷丝筒；2—走丝溜板；3—丝架；4—上滑板；5—下滑板；6—床身；7—电源及控制柜

1)机床本体

机床本体主要由机床床身，走丝机构，*X*、*Y* 坐标工作台，丝架，工作液箱，附件和夹具等多个部分组成。

机床的床身一般由铸铁件构成，通常是箱式结构，其功能就是当作 *X*、*Y* 坐标的工作台和走丝机构及丝架的基础，所以材料需要有足够的强度和刚度。床身里面能够容纳工作液箱和电源放入其中，但由于电源产生的热量和工作液泵的摆动会让机床在加工时产生一定的误差，因此部分电源和工作液箱放在机床的外边。

2)脉冲电源

电火花线切割脉冲电源也可以称为高频电源，一般作为数控电火花线切割机床的主要部分，其工作情况将直接对割加工产生影响。线切割脉冲电源通常由脉冲发生器、推动级、功率放大级及直流电源等四部分组成。

3)控制系统

控制系统在电火花线切割加工的过程中，具有十分重要的影响。它的系统性能(包含技术能力、平稳能力、可靠性能、控制的精确能力和自动化性能等)将对加工工艺的执行力和工人工作的辛苦程度有很高的决定性。

控制系统的功能有在电火花线切割工作时，按照工件的外形的需求，主动操控电极丝相对于零件的运动方式。与此同时，主动操控伺服进给的快慢，达到满意的质量要求。并且每当控制系统使电极丝相对工件依靠固定的轨迹运行时，还要达到伺服进给速度的主动操控，最终保持合适的放电间隙和平稳切割加工。数控编程和数控系统主要作用于前者，而后者是按照放电的间隙大小和放电情况通过伺服进给系统自动控制的，使得进给速度和工件材料的初速度能够达到平衡状态。

4)工作液循环系统

工作液的作用是将电火花线切割加工时脉冲间歇范围内的已经蚀除下来的电蚀产物从该区域除掉，让电极丝和零件之间的介质迅速转变成初始状态，防止火花放电变成连续的弧光电流，让线切割过程能够更好地进行下去。除此之外，工作液还有其他两方面的功能：一是有利于压缩放电通道，使能量可以集中到一起，提升电蚀能力；二是能够使受热的电极丝重新变凉，阻止放电产生的热量散发到别的地方去，有利于保障工件的表面质量和提升电蚀性能。

3.4　激光与超声波加工技术

3.4.1　激光加工

激光加工是使用光的能量，通过透镜聚焦，在焦点上得到极高的能量密度，依靠光热效应来对不同材料进行加工的方法。有人想要使用透镜将太阳光进行聚焦，点燃纸张、母材，但是不能用来进行材料加工。有两个方面原因：一是地球上的太阳光的能量密度低；二是太阳光是多色光，由红、橙、黄、绿、青、蓝、紫色等不同的光组成，不是在一个平面上聚焦的。通过研究，人们发现激光不但是一种单色光，而且强度高、能量密度大，因此不会出现太阳光那样的缺点，能够用来进行材料加工。

3.4.1.1 激光加工特点

(1)能加工的材料种类多。激光基本上能够加工全部的金属材料和非金属材料。尤其适合对高熔点材料、耐热合金和硬脆材料(如陶瓷、宝石、金刚石等)进行加工。

(2)激光加工是非接触加工的一种，没有受力变形；受热区域较小，工件热变形小，加工精度较高。

(3)工件可以在加工机外进行加工，加工时能够经过空气、稀有气体和光学透明介质。例如可以加工玻璃里面的隔离室的工件或真空环境下的工件。

(4)能够进行微细加工。激光能够聚焦成微米级的光斑，输出功率的多少能调整。通常在精密微细加工中使用，加工的最高精度能够达到0.001mm，表面粗糙度 Ra 能够高达0.4～0.1μm。激光聚焦后能够进行直径为0.01mm的小孔和窄缝切割。在大规模集成电路的制造过程中，能够使用激光进行切片。

(5)加工速度较快，加工效率较高。例如在宝石上打孔，激光加工时间仅仅是机械加工方法的1%。

(6)不单能够进行打孔和切割，还可以进行焊接、热处理等工作。

(7)控制性较好，容易实现自动化。

(8)能源损耗量少，没有加工污染，有利于节能、环保。

3.4.1.2 激光加工应用

激光能量具有高度集中的特性，因此进行激光加工时，能够进行打孔、切割、雕刻和表面处理。而激光的单色特性还能够进行精密测量。

1)激光打孔

在激光的加工中，激光打孔是使用时间最长、范围最广的一类加工方法。

2)激光切割

同激光打孔的原理基本一致，也是将激光能量聚集在很小的区域内将工件打穿。但是激光切割时需要移动工件或激光束(通常工件被移动)，顺着切口持续打一排小孔就能够将工件切开。激光能够对金属、陶瓷、半导体、布、纸、橡胶、木材等进行切割，具有切缝狭窄、效率较高、操作比较方便的特点等。

3)激光焊接

激光焊接和激光打孔的原理有一些不同点，焊接的过程中不需要有那么高的能量密度让工件材料汽化蚀除，只需要把工件的加工区烧熔，将它们黏在一起。

4)激光的表面热处理

使用激光对金属工件表面进行扫描，进而使工件表面金相组织发生改变对工件表面进行表面淬火、粉末黏合等。

3.4.1.3 激光加工机

激光加工机一般由激光器、电源、光学系统及机械系统等四部分组成。

(1)激光器。激光器是激光加工的主要设备,它的作用就是将电能变为光能并产生激光束。

(2)电源。电源的作用是为激光供给能量和控制。

(3)光学系统。光学系统由观察扫描系统和激光聚焦系统组成,其中观察扫描系统的功能是观察和校准激光束的焦点和方位,同时在投影仪上显示加工方位。

(4)机械系统。机械系统主要由床身、工作台(一般可以在三坐标范围内活动)和机电控制系统等组成。伴随着电子技术的飞速发展,如今激光加工技术中的工作台可以由计算机来操控,使得激光加工的数控操作成为可能。

如今一般的激光器根据激活介质的不同能够划分成固体激光器和气体激光器两种,按照激光器工作方式的不同还可以分为连续激光器和脉冲激光器两种。现在对固定式激光器做一定的论述。固定式激光器通常使用光激励的方法,一般能量交换过程比较频繁,光的激励产生的能量许多都变成了热能,用于加工的能量有一定的损耗,效率低。想要消除固体过热的影响,就让固体激光器使用脉冲的工作方法,一般不使用连续工作的方式。因为光学不均匀性(一般由于晶体缺陷和温度引起),固体激光器一般都输出多模,很少得到单模。

固体激光器的结构如图 3-7 所示。固体激光器的工作物质比较小,因此具有比较紧密的结构。图中的激光器由工作物质、光泵、玻璃套管和滤光液、冷却水、聚光器和谐振腔等部分组成。

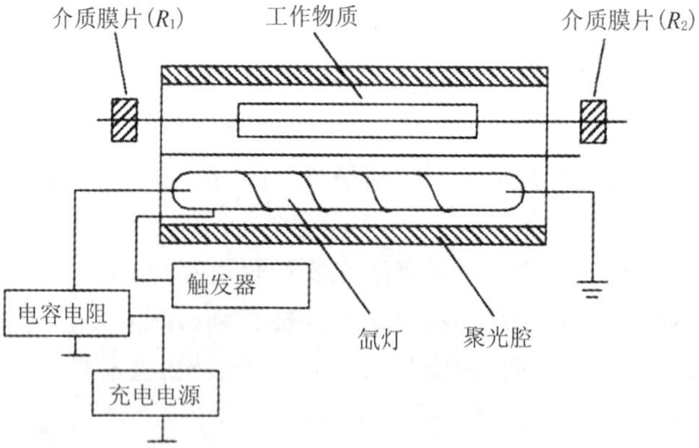

图 3-7 固体激光器结构

(1)光泵是供给工作物质光可以使用的,通常采用氙灯和氪灯。氙灯在脉冲状态下一般使用脉冲氙灯和重复脉冲氙灯。前者的工作时间一般要间隔几十秒;后者能够一秒工作几次至几十次,其电极需要用水冷却。

(2)聚光灯的功能是将氙灯发射的光在工作物质上集中,通常把占氙灯发射出的总光的 4/5 的光聚集在工作物质上。使用比较普遍的聚光灯有很多种形式。其中圆柱形加工制造方便，用得较多；椭圆柱形聚光灯效果好，采用也较多。为了提高反射率，聚光灯内面需磨平抛光至 $Ra=0.025\mu m$，并增镀一层银膜、金膜或铝膜。

(3)滤光液和玻璃套管的功能是经氙灯发射的紫外线部分除掉，这类紫外线部分对掺铷钇铝石榴石和铷玻璃都特别不利，它会导致激光的效率显著降低，通常使用的滤光液是重铬酸钾溶液。

(4)谐振腔的组成部分为两块反射镜，它的功能是让激光顺着轴向反复进行反射共振，用作增强和提高激光的输出。

3.4.2　超声波加工

超声波加工简称超声加工。相比于电火花加工只可以对金属导电材料进行加工，超声加工的使用范围更广泛，主要用于脆硬金属材料（如硬质合金、淬火钢等）和更加适合不导电的非金属脆硬材料（如玻璃、陶瓷、半导体锗、硅片等），另外还具有清洗、焊接、探伤、测量、冶金等方面的应用。

3.4.2.1　超声波加工特点

(1)适用于对各种不到点的脆硬金属（如玻璃、陶瓷、石英、锗、硅、玛瑙、宝石、金刚石等）的加工。此外，也能对硬质金属材料如淬火钢、硬质合金等导电的硬质金属材料进行加工，但是加工效率很低。而橡胶则不能使用超声波加工。

(2)加工精度比较好。因为工件表面的宏观切削力比较小，切削应力、切削热比较小。因此不会导致变形或烧伤，表面粗糙度很好，公差能够达到 0.008mm 以内，表面粗糙度值通常在 0.1～0.4μm 之间。

(3)工具和工件间相对运动简单，不需要旋转，所以很容易使加工出的复杂形状内表面、成型表面和工具形状一致。超声波加工机床的结构很简单，一般有一个方向给压进给，操作、维修比较方便。

(4)超声波也有一些不足之处，如加工面积小、工具易磨损，因此生产效率比较低。

3.4.2.2　超声波加工工艺

加工速度是指单位时间内去除的工件材料量，以 g/min、mm^3/min 表示。其影响因素有工具振动频率、振幅，工具与工件之间的静压力，工具与工件材料，加工尺寸、深度，磨料种类和粒度，工作液的磨料含量等。加工速度最大可达 2 000～4 000mm^3/min。

(1)工具的振幅和频率。一般振幅为 0.01～0.1mm，频率为 16～25kHz，应将频率调至共振频率，以便获得最大振幅。振幅过大、频率过高会使工具和变幅杆承受内应力增大，超过疲劳强度，降低使用寿命，增大工具消耗。

(2)进给压力。超声加工时，工具与工件之间应有合适的静压力，静压力主要影响加工间隙，静压力过大使加工间隙减小，不利于工作液的更新和补充；静压力过小使加工间隙增大,减弱了磨料对工件的打击力度,两者都会降低生产率。

(3)磨料的种类和粒度。磨料的硬度高,加工速度快。磨料的粒度小号(磨粒大),加工速度快。一般加工金刚石、宝石时,可用金刚石磨料;加工硬质合金、淬火钢时,可用碳化硼、碳化硅磨料;加工玻璃、石英、半导体等材料可用刚玉类磨料,原则上是被加工材料越硬脆,磨料硬度应越高。

(4)被加工材料。被加工材料越脆,受冲击载荷能力越低,越易被超声去除加工。若以玻璃的加工生产率为100%,则锗、硅半导体单晶为200%~250%,石英为50%,硬质合金为2%~3%,淬火钢为1%,普通钢<1%。

(5)工作液磨料含量。工作液中的磨料太少,会造成加工区磨料少,甚至局部无磨料情况,使加工速度下降。工作液磨料含量增加会使加工速度增加,但含量太高,会使加工间隙的工作液循环受阻,影响磨料的打击作用,导致加工速度下降。通常所用磨料与水的比例为0.5~1。

3.4.2.3 超声波加工应用

超声波加工从20世纪50年代开始研究以来,其应用日益广泛。随着科技和材料科学的发展,将发挥更大的作用。目前,生产上主要有以下用途。

1)成型加工

现在,超声波成型加工通常在不同的工业部门中使用,一般适用于将脆硬材料加工成圆孔、型孔、型腔、套料、微细孔、弯曲孔、刻槽、落料、复杂沟槽等。

2)超声波清洗

超声波清洗的原理主要是清洗液在超声波的振动作用下,使液体分子出现往复高频振动,得到空化效应的结果。空化效应使液体中急剧生长微小空化气泡并瞬时强烈闭合,出现的微冲击波使被清洗物表面的污物产生损害,同时从被清洗表面掉落。在污物溶解于清洗液的条件下,空化效应提高溶解速度,使即使在清洗物上的窄缝、细小深孔、弯孔中的污物也能快速地清洗下来。因此,超声波清洗在形状复杂,清洗质量比较高的中、小性精密零件(尤其是孔、弯曲孔、盲孔、沟槽等特殊部位)中具有很好的清洗效果、效率高。超声波清洗能很好地应用于半导体、集成电路元件、光学元件、精密机械零件、放射性污染等的清洗中。

3)切割加工

普通的加工方法在一般机械加工切割脆硬的半导体材料加工时很不容易,使用超声波切割加工的效果比较好;同时使用超声波精密切割半导体、氧化铁、石英等具有成本少、刀具刃多、效率高等优势。

4)超声波焊接加工

超声波焊接是通过超声频率振动的作用,将被焊接工件的两个表面在速度较高的振动碰撞下,除掉工件表面的氧化膜,使得表面经摩擦发热后黏结在一起,所以其不但能够对金属进行加工,也能够对尼龙、塑料等进行加工。比如在近些制造业中,使用超声波焊接加工的双联齿轮。因为超声波焊接加工不需要外加热和焊接，热影响较小，外加压力比较大，不出现污染，技术好、成本低，所以其不仅广泛应用于对直径或厚度很小的材料进行加工，还应用于焊接塑料、纤维等。现在进行大规模集成电路时，使用超声波焊接加工。

3.4.2.4　超声波加工的设备

图 3-8 为超声波加工设备。虽然各种超声加工设备的尺寸和机构并不相同，然而一般都包括超声波发生器、超声振动系统(声学部件)、机床本体及磨料工作液循环系统等。

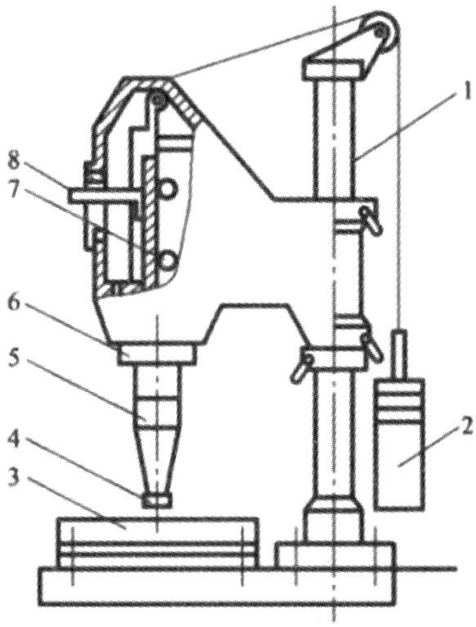

图 3-8　CSJ－2 型超声波加工机床

1—支架；2—平衡重锤；3—工作台；4—工具；5—振幅扩大棒；
6—换能器；7—导轨；8—标尺

1)超声波发生器

超声波发生器的功能是把工频交流电转化为有固定功率输出的超声频交流电，提供能量给工具端面振动及除去被加工材料。它的主要要求是输出功率和频率在固定范围内是可以调节的，能够有对共振频率自动跟踪和自动微调的功能更好。

超声波加工用的超声波发生器有电子管和晶体管两种类型。电子管的不仅功率大，而且频率稳定，在大中型超声波加工设备中用得较多。晶体管的体积小，能量损耗小，因而发展较快，并有取代电子管的趋势。

2)声学部件

声学部件的主要功能是将高频电能转变为机械振动，同时将其通过波传输到工具端面。其在超声波加工设备中具有重要的影响，组成部分主要有换能器振幅扩大棒和工具。换能器的功能是把高频电振荡变成机械振动，现在采用“压电效应”和“磁致伸缩效应”分别制成压电陶瓷换能器和磁致伸缩换能器能够达到这个目标。前者能量转换效率高，体积小；后者功率较大。

3)机床及磨料工作液

超声波加工机床通常结构都不复杂，一般由支撑声学部件的机架、工作台面和让工具以固定力作用在工件上的进给机构等组成，如图 3-8 所示。平衡重锤是用于调节加工压力的。工作液一般为水，为了提高表面质量，也有用煤油的。磨料常用碳化硼、碳化硅或氧化铝。简单的机床的磨料是靠人工输送和更换的。

3.5 电子束与离子束加工技术

3.5.1 电子束加工

电子束加工是近期发展趋势较好的一种特种加工技术。它广泛应用于精细加工方面，特别是在微电子学领域。电子束加工一般用在打孔、焊接等的精加工和电子束光刻化学加工。

3.5.1.1 电子束加工特点

(1)电子束可以聚焦在十分微细的条件下(能达到 0.1～1μm)，因此能够作为微细加工方法。

(2)加工材料的范围广泛。因为电子束能量密度比较高，能够让许多材料瞬间熔化、汽化，并且具有比较小的机械力，不容易出现变形和应力。因此可以对不同力学性能的导体、半导体和非导体材料进行加工。

(3)因加工都在真空环境下进行，因此具有较少的污染，且加工表面不容易被氧化。

(4)电子束加工的不足是需要一套专用设备和真空系统，成本较高，因此在使用过称重有一些限制。

3.5.1.2 电子束加工应用

1)电子束打孔

如今在生产实际中早已经采用了电子束打孔技术，现在能将加工的直径低到大约 0.003mm。例如，喷气发动机套上的冷气孔，机翼的吸附屏的孔，不单单密度能够持续改变，而且孔的数量也高达数百万个，同时能够更改孔径的大小，十分适合采取电子束高速打孔。高速打孔能够让工件一边运动，一边打孔，如在 0.01mm 厚度的不锈钢上打孔，直径 0.2mm，速度 3 000 孔/秒。玻璃纤维喷丝头要打 6 000 个孔，直径 0.8mm，深度 3mm，速度 20 孔/秒。

2)电子束热处理

电子束热处理的热源一般采用电子束,同时对于电子束的密度进行恰当的调节,让金属表面的温度升高但没有达到熔点,对其进行热处理。电子束热处理的升温和降温比较快。相变时,奥氏体化速度较快,一般仅需要几分之一秒甚至千分之一秒,这时奥体晶粒长得不够大,因此可以得到一类超细晶粒组织,能够让零件得到使用通常的热处理不能得到的硬度。

3)电子束焊接

电子束焊接的热源也是电子束。在能量密度比较高的电子束对焊件表面进行轰击时,焊接接头地方的金属会出现熔融的现象。电子束不间断地进行轰击,最终得到被熔融的金属包围着的蒸汽管,成毛细管状。假如焊件根据固定的速度围绕着焊件接缝处和电子束做相对运动,那么接缝上的蒸汽管会因为电子束的远离,冷却下来,呈凝固状,因此焊件就只得到一个焊缝。

电子束具有能量密度好,焊接效率高的特点。因此电子束焊接得到的焊缝又深又窄,对热件的影响较小,一般不会变形。电子束焊接通常不需要焊条,焊接要在真空环境中进行。因此焊缝具有精纯的化学组成,焊接接头的强度通常比母材的强度要高。

3.5.1.3　电子束加工装置

图3-9为电子束加工装置的主要结构,一般分为电子枪系统、真空系统、控制系统和电源几个部分。

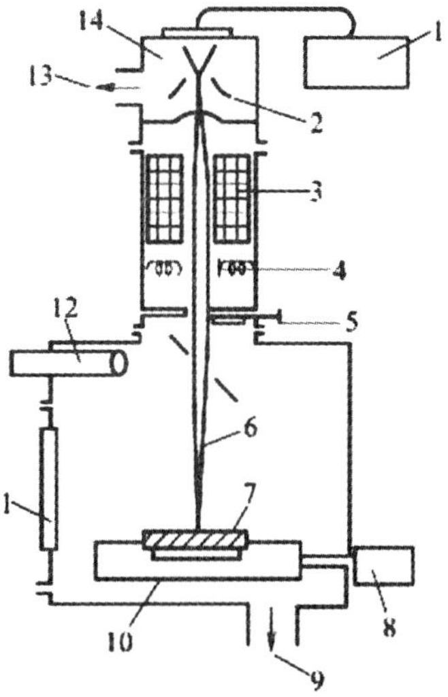

图3-9　电子束加工装置结构

1—加速电压;2—流强度控制;3—流聚焦控制;4—流位置控制;5—更换工件用截止阀;6—电子束;7—工件;8—驱动电动机;9—抽气;10—移动工作台;11—工件更换盖及观察窗;12—观察筒;13—抽气;14—电子枪

1)电子枪系统

电子枪系统由电子发射阴极、控制栅极和加速阳极等部分组成,作用是发射速度较快的电子流同时对它实行简单聚焦。

2)真空系统

用来保证在电子束加工时装置内达到 $1.33\times10^{-4}\sim1.33\times10^{-2}$Pa 的真空度。

3)控制系统及电源

空海系统的主要功能是对电子束流的聚焦、位置、强度的控制以及工作台的位置进行控制。

3.5.2 离子束加工

等离子体加工又称为等离子弧加工,是电弧放电使气体电离成过热的等离子气体流束,利用高温、高速的等离子弧及其焰流,使工件材料熔化、蒸发和气化并被吹离基体,使工件材料改变性能,或在其上涂覆的特种加工。

3.5.2.1 离子束加工特点

1)导电、导热性能好

等离子体的带电离子具有良好的导电、导热性能,通过很大的电流、很小的截面传导的热量很大。

2)温度高、能量密度大

因为离子束受到热收缩、磁收缩和机械收缩的同时作用,能够让等离子体的温度和能量密度分别高于普通电弧的 2～3 倍和 10 倍以上。

3)工艺参数调节方便

可以恰当地对工艺参数(如功率、气体类型、气体流量、进给速度、焰流、火焰角度、喷射距离等)进行调节,同时又能够采用单电极对厚度不同、许多材料、不同工艺要求的加工。

4)电弧稳定

用等离子焊接时,尽管喷嘴与工件的距离可能有较大变化,但电弧状态却保持稳定。弧长变化不影响加热状态,且电弧的方向性好。工艺规范、稳定可靠,操作较容易掌握。

等离子体加工的工作地点要求对噪声、弧光、烟雾采取保护措施。

3.5.2.2 离子束加工应用

1)刻蚀加工

离子刻蚀加工是逐个原子剥离的过程。剥离速度大约每秒一层到几十层原子。多数材料在 300～500eV 时刻蚀率最高。入射角一般宜取为 40°～60°。离子束可是能够应用在对空气轴承的沟槽的和薄材料及超高精度非球面透镜等进行加工也能应用于打孔。

2)镀膜加工

离子镀膜加工分为溅射沉积和离子镀。离子镀是不单靶材溅射出的原子会到工件上,而且工件也受到离子的轰击,所以存在很多特殊的优势。离子先将工件在镀膜之前有的氧化物和离子污物都除掉,使得工件表面的黏附性好。镀膜加工进行后,工件表面出现的基材原子,一些和工件附近气氛中的原子和离子接触后被弹回工件。这些原子和离子通常和镀膜的膜材料一同抵达工件表面,进而得到膜材原子和基材原子的共混膜层。在膜层变厚的过程中,一点点变为单一膜材原子组成的膜层。因为有混合过渡层,让由于基材和膜材膨胀系数有差异导致的热应力降低,结合力增加,膜层一般不会掉落。离子镀层的结构紧凑,针孔少,气泡也少。离子镀能够采用的材料种类众多,包括金属或非金属材料,已经在镀制润滑膜、耐热膜、耐蚀膜、耐磨损膜、装饰膜和电气膜等方面广泛应用。

3)注入加工

离子注入是将离子注入工件表面。注入量一般可以精确控制,深度能超过 1μm。注入离子能够达到改变金属表面的物理化学性质的作用,同时还能出现新的合金,进而对金属表面的耐腐蚀、耐磨损和润滑性能进行改变。

3.5.2.3　离子束加工机械

离子束加工机械由离子源系统、真空系统、控制系统和电源系统组成。相比于电子束加工装置,离子源加工装置只有离子源系统与其有差异,其他都是相似的。

离子源也称为离子枪,它的作用是发射离子束。它的工作内涵是在离子室中加入气态原子,随后让气体原子通过高频放电、电弧放电、等离子体放电或电子轰击得到等离子体,同时通过电场作用把正离子放出得到离子束。按照离子产生的方法和用途分类离子源可分为多种类型。一般常见的有考夫曼型离子源、双等离子体离子源、高频放电离子源。

考夫曼型离子源已成功地应用于离子推进器和离子束微细加工领域。它是发射的离子源束流直径可达 50～300mm,是一种大口径离子源。该离子源设备尺寸紧凑,结构简单。工作参数是:真空度 133.32×10^{-4}Pa,电压 1 000eV,束流强度 0.85mA/cm^2,束流直径 50mm,离子入射角为 75°。

双等离子体型离子源可获得高效率、高密度的等离子体,是一种高亮度的离子源。其电离效率高达 50%～90%,等离子体密度高达 10^{14}离子数/立方厘米。目前,双等离子体源的应用比较广泛。

高频放电离子源是由高频振荡器在放电室内产生高频磁场,加速自由电子与气体原子进行碰撞电离而产生等离子体。图 3-10 为高频离子源结构图。该种离子源特点如下:

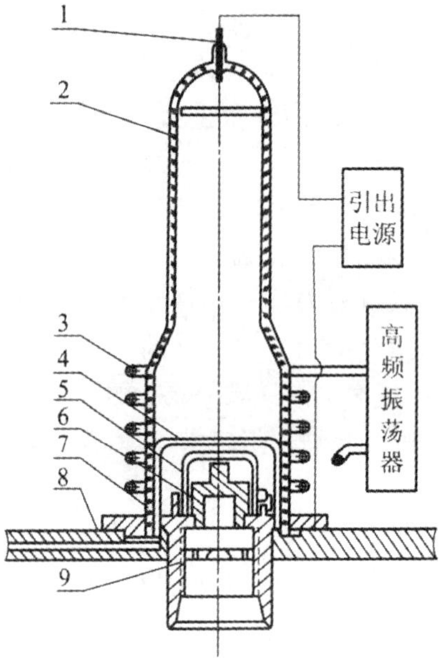

图 3-10　高频放电离子源

1—阴极探针;2—放电管;3—感应线圈;4—大屏蔽罩;5—小屏蔽罩;
6—引出电极;7—引出电极座;8—进气管道;9—光栅

(1)采用高频电场或磁场激励放电。

(2)可以获得金属离子或化学性质活泼的气体离子。

(3)束流强度低,一般在 100μA～100mA 之间,当采用高频脉冲放电时,束流强度可达 1A。

第 4 章　机械制造系统的自动化与计算机辅助制造技术研究

随着科学技术的不断发展，机械制造技术的水平在逐渐提升。尤其是随着机电一体化技术、计算机辅助技术和信息技术的发展，现在的世界机械制造业已经进入了全盘自动化的时代。通过自动化技术，能够减轻劳动强度，并且令产品的品质得到提升，改进制造系统适应市场变化的技能，用以提升企业的市场竞争能力。本章主要对机械制造系统自动化、成组技术、柔性制造系统，以及计算机集成制造系统进行阐述。

4.1　机械制造系统自动化

4.1.1　机械制造系统的概念

生产系统是以工厂作为一个总体，主要根据市场调查和生产条件，来确定产品和产量，从而把生产计划给制作出来，开始产品的设计、制造、装配、油漆、包装等全部生产过程的有机整体。整个系统分为决策、经营管理和制造三级。机械制造系统是生产系统的一部分，它是指实现零件的机械加工，直接改变材料或毛坯的形状、尺寸和性能，成为零件、部件或产品。作为一个系统，机械制造系统有输入和输出。它的输入为原材料（毛坯或型材），输出是加工后的零件、部件或产品，也就是所谓的成品。

从系统的方面来说，机械制造系统的构成部分为信息系统、物质系统和能量系统，它们之间的联系是经信息流、物质流以及能量流关联起来的，如图 4-1 所示。

在机械制造这个多目标的大系统中，研究产品各个制造活动在整体上的优化理论、方法，研究技术上自动实现的原理、方法与装置，是机械制造自动化的主要内容。

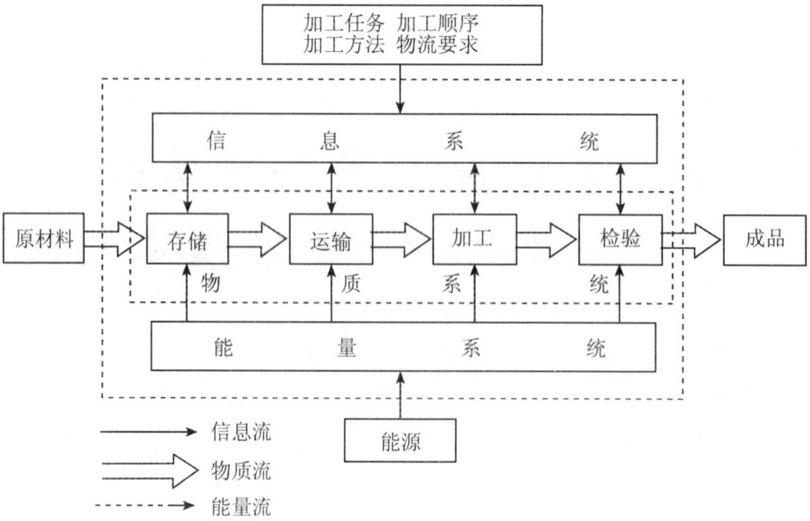

图 4-1 典型的机械制造系统框图

4.1.2 机械制造系统自动化的任务及类型

4.1.2.1 机械制造系统自动化的任务

机械制造自动化的任务就是研究如何取代人对机械制造过程中的计划、管理、组织、控制与操作等方面的直接参与。当今机械产品市场的激烈竞争是机械制造自动化发展的直接动因。其目的有以下 5 个方面：

(1)提高或保证产品的质量。

(2)减少人的劳动强度、劳动量，改善劳动条件，减少人的因素影响。

(3)提高生产率。

(4)减少生产面积、人员，节省能源消耗，降低产品成本。

(5)提高对市场的响应速度和竞争能力。

4.1.2.2 机械制造系统自动化的类型

机械制造系统自动化可按照单一品种大批量生产的自动化和多品种小批量生产的自动化来划分，因为这两类的特征都不一样，所以要用到的自动化方式也是不一样的。

1)单一产品大批量生产的自动化

产品比较单一、批量大的时候，需要用到专门的设备、流水线和自动线等刚性自动化的手段来完成，如果产品发生了改变，那么就无法适应了。一般用到的自动化手段主要有以下几种：

(1)通用机床的自动化改造。

(2)自动机床和半自动机床。

(3)组合机床。

(4)自动生产线，也叫自动线，它在汽车、拖拉机、轴承等制造业中的应用是非常普遍的。图 4-2 是由 3 台组合机床组成的自动线，加工箱体零件。自动线中有转台和鼓轮使工件转位以便进行多面加工。图 4-3 是自动线的组成。较长的自动线一般都分成若干段，每段之间配置储料装置，便于分段维修，以免因故障造成全线停车，从而保证自动线的工作。在自动线设计中，生产节拍及其平衡是十分重要的，要根据产品的生产纲领，计算自动线的生产节拍，并按此节拍拟订零件的工艺过程，进行节拍平衡。

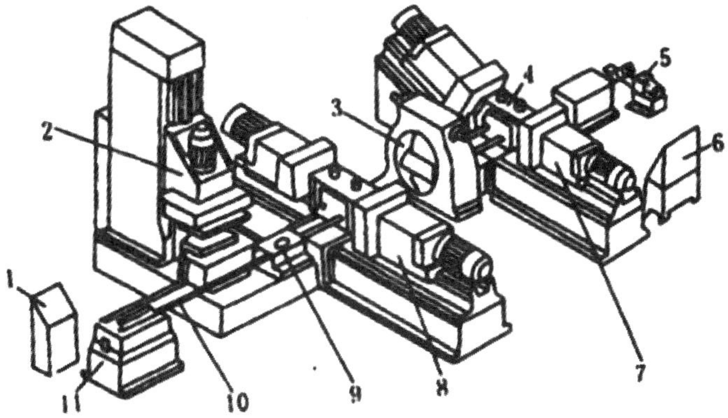

图 4-2　加工箱体零件的组合机床自动线

1—控制台；2—组合机床；3—鼓轮；4—夹具；5—切屑输送；6—液压油泵站；
7—组合机床；8—组合机床；9—转台；10—工件输送带；11—输送带传动装置

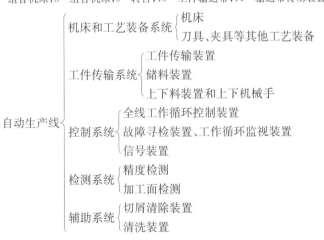

- 自动生产线
  - 机床和工艺装备系统
    - 机床
    - 刀具、夹具等其他工艺装备
  - 工件传输系统
    - 工件传输装置
    - 储料装置
    - 上下料装置和上下机械手
  - 控制系统
    - 全线工作循环控制装置
    - 故障寻检装置、工作循环监视装置
    - 信号装置
  - 检测系统
    - 精度检测
    - 加工面检测
  - 辅助系统
    - 切屑清除装置
    - 清洗装置

图 4-3　自动线的组成

2)多品种小批量生产的自动化

在机械制造业中，大部分工厂企业都是多品种小批量生产。多年来，实现多品种小批量生产自动化是一个难题。由于计算机技术、数控技术、加工中心、工作站、工业机器人等的发展，使这方面有很大突破，出现了以计算机集成制造系统为代表的机械制造系统自动化。实现多品种小批量生产自动化可采用下面的方法：

(1)成组技术。在机械加工中，成组技术是由成组工艺和成组夹具构成的，它按照零件的形状、尺寸等几何特点和工艺特征的类似性开始分组分类，从而编制成组工艺，设计成组夹具。

(2)数字控制技术和数控机床。在制造工艺中，数字控制技术主要是来控制机床的运动，确保工件的尺寸与形位，因为其控制的运动是按照脉冲的数量来极端的，每个脉冲信号能够令机床运动部件移动的距离叫作脉冲当量，也被称作数字控制。数字控制技术已经发展成基础技术，不仅可用于机床上，而且可用于机器人等其他机械中。

从数字控制机床的功能来看，数控机床有简易型、经济型、全功能型和可进行多种加工并带有自动换刀装置的加工中心。

从数字控制系统方面来看，又可分为计算机控制和计算机直接控制。计算机控制是用单台计算机控制单台机床，目前多用微型计算机控制系统，其特点是通用性好，硬件和软件功能强，工作可靠，维修方便，价格便宜。计算机直接控制是用一台计算机以分时方式控制多台机床完成各自不同的工作，故又称群控。计算机直接控制已发展为多级的递阶控制。

(3)适应控制。在机械加工(比如切削和磨削)中，在线检查并测定加工的状态，而后有效调整控制参数，从而完成加工过程的优化，获取预期的加工目标或者效果，这样的控制就是适应控制。一个适应控制系统要能进行工作，必须具备判别功能、决策功能和校正功能。

加工过程的适应控制可分为性能适应控制和几何适应控制，前者又可分为优化适应控制和约束适应控制。

图 4-4(a)为机械加工过程适应控制系统；图 4-4(b)为控制内孔尺寸精度的内圆磨床几何适应控制系统，它用双触点电感式传感器检测，其采样数据经微机处理后，控制微进给机构，带动砂轮头架作工件径向位移，进行尺寸精度补偿。一般精密内圆磨床都有自动修整砂轮及补偿尺寸机构，可考虑将尺寸精度补偿和修整砂轮尺寸补偿的控制系统统一起来。

(4)柔性制造系统。它是目前使用非常广的一种制造系统，通常指的是可变的、自动化程度比较高的制造系统。它是由几台数控机床或者加工中心构成的，没有恒定的加工顺序和节拍，可以在不停机调整的状态下替换工件和夹具，在时间和空间(多维性)上具有非常高的可变性。

(5)计算机集成制造系统。它也被叫作计算机综合制造系统，通常是由以计算机辅助设计(CAD)为重心的产品建模信息系统，以计算机辅助制造(CAM)为重心的加工、检测、装配自动化工艺系统和以计算机辅助生产管理(CAPM)为重心的管理信息系统(MIS)所构成的综合体。其中，管理信息系统包括生产计划的制订和调度、物资供应计划和财务管理等。集成制造系统是一个产品设计和制造的全盘自动化系统，它强调信息集成和功能集成，进行分级管理和递阶控制。

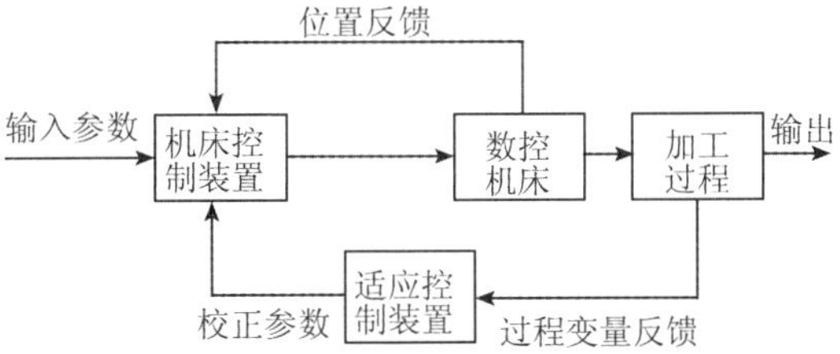

(a)机械加工过程适应控制系统

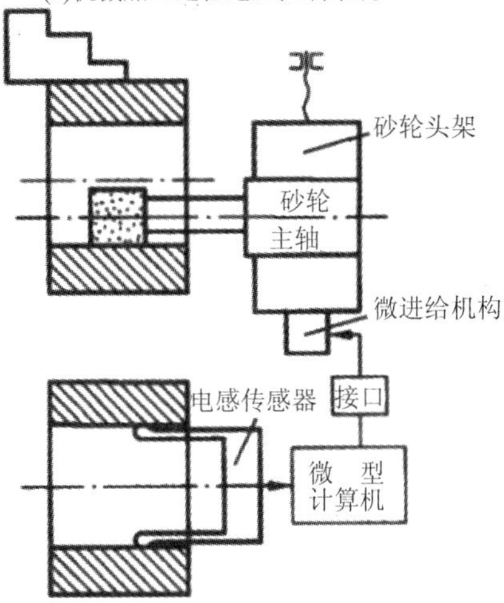

(b)内圆磨床几何适应控制系统

图 4-4　机械加工过程适应控制

4.2　成组技术

4.2.1　成组技术的概念及原理

4.2.1.1　成组技术的概念

成组技术是一种生产技术科学。它所探讨的主要内容为要怎样分辨和找出生产活动中相关事物的类似性，而后把这些差不多一样的问题划分到一个组，找到处理这一组问题的最优方法，以达到节省时间和精力来获得预估的经济效益。

成组技术是在 20 世纪 50 年代经苏联的米特洛凡诺夫提出的，而后这种技术开始在机械工业中使用起来，目前该技术已经在世界各个国家中普遍使用。“成组技术”是一种处理多品种、小批量生产的有效方法。成组技术(Group Technology，GT)即以科学的方法把企业制作的多种产品、部(组)件和零件，依据它们独特的相似性原则(分类系统)把它们进行分类归组，并且需要按照零件组的工艺需求来配置相配套的工装设备，通过合理的布置方式对其成组加工，完成产品设计、工艺制造和生产管理的合理化和科学化，取得扩大批量的作用。

4.2.1.2 成组技术的原理

很多人都知道，一般的中小批量生产方法都会有一些问题，比如产量小、生产准备工作量大、生产效率较低等。为了解决中小批量生产的这些问题，德国阿亨工业大学曾经针对床、发动机、矿山机械、轧钢设备、仪器仪表、纺织机械、水力机械和军械等 26 个性质不同的企业的产品做了研究。研究的成果显示，所有的机械产品中的组成零件都可以划分成下面三大类(见图 4-5)：

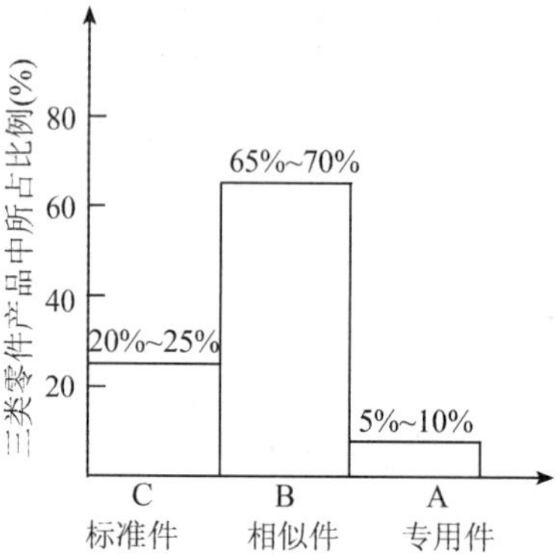

图 4-5 产品中三类零件

(1)第一类(A 类)专用件。此零件的形状与结构都比较繁复，而且在不同产品当中，零件之间的差别非常大。该类零件在总件数中的所占用的比例是极小的，大概只有 5％～10％，但是其结构比较繁复，且产值比较高。比如，机床的床身和箱体，发动机的缸体等都属于这种零件。

(2)第二类(B 类)相似件。此零件在整机零件总数的所占比例为 65％～70％，它的形状和结构有一度的相似性，因此把它称作相似件。同时大部分都是中等复杂程度，因为数量非常大，产值也就非常高。比如，各种轴、套、法兰、支座和齿轮等都是这类零件制成的。

(3)第三类(C 类)标准件。此零件结构具有标准化和规格化特点，因此有专门的厂家会对此零件大量生产来供给社会的需求。对于普通的厂家来说，此类零件为外购件，它所占的比例有 20％～25％，如螺栓、螺母、垫圈和滚动轴承等。

成组技术一般用于 B 类相似件，所以可以通过这个特性，把那些看起来独立的零件按照相似性的特点分在有着共性特点的一组，在加工中按照群体微基础来集中处理，这样就能够把多品种小批量生产成功转为大批量的生产类型。根据零件的相似性原理来把零件分类成组，这是成组技术产生的根本起点。

成组技术阐释和运用了生产系统中的相似性，它将零件以相似性的原理来作分类组合，在设计、制作和管理中利用其相似性，来获取可以充分运用已有零件的设计和工艺信息的检索工具。另外，成组技术针对分类和编码系统把同类零件归并为零件组，零件组中汇聚了很多相似或者相同的零件，这给标准化带来良好的对象，这样就能通过标准化设计将各组中品种繁多的零件压缩并归并成数量有限的一种或者几种标准的零件，而后为某个零件组制定标准工艺，组内的其他零件的主要工艺根据标准工艺而演变；通过成组的技术使得企业可以非常有效的工作方式获取到同一的数据和信息，得到最大的经济效益，并给企业建设集成信息系统奠定基础，给提升多品种、中小批生产的经济效益拓展出广阔的道理。其基本原理如图 4-6 所示。

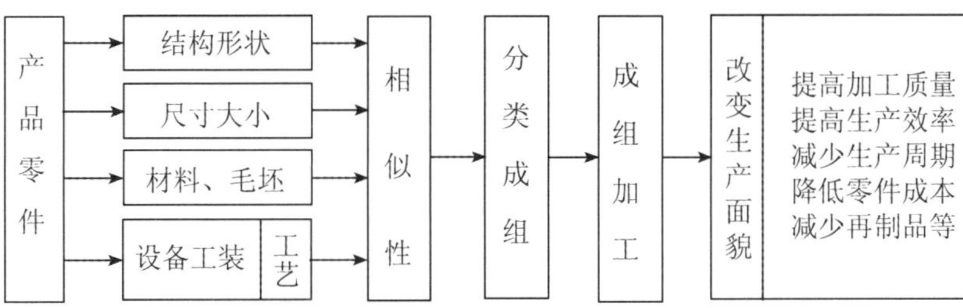

图 4-6　成组加工基本原理

成组技术的原理是与辩证法相契合的，因此它常被当作是指导生产的一种办法。当前发展的成组技术在设计、制造和管理等方面被普遍使用。

计算机技术和数控技术的迅速发展，成组技术和它们相联合，这对中小批量生产的自动化进程有很大的促进效果。成组技术是当前进一步发展计算机辅助设计（Computer Aided Design，CAD）和计算机辅助工艺规程设计（Computer Aided Process Planning，CAPP）和计算机辅助制造（Computer Aided Manufacturing，CAM）等方面的重要的技术根本。

4.2.2　零件分类编码系统

零件编码是一种以数字来代表零件的形状特征，特征码是代表零件特征的每一个数字码。分类编码的方法要综合考虑设计和工艺两个方面内容，既要有利于零件的标准化、统一零件结构设计要素、减少零件的种类和图纸数量，又要设法使具有相同工艺路线的零件便于分类。常见的编码数字可以划分成把设计作为与本特征的主码和把工艺作为根本特征的副码。

我国制定的《机械工业成组技术零件分类编码系统（JLBM—1）》的基本结构如图 4-7 所示。该系统主要按名称类别码（2 个码位）、形状及加工码（7 个码位）和辅助码（6 个码位）3 个部分共 15 个码位构成。其特征为零件类别根据名称类别矩阵来划分，这样就方便设计检索，分类表简单，定义明确，容易掌握，码位适中，信息容量大等。

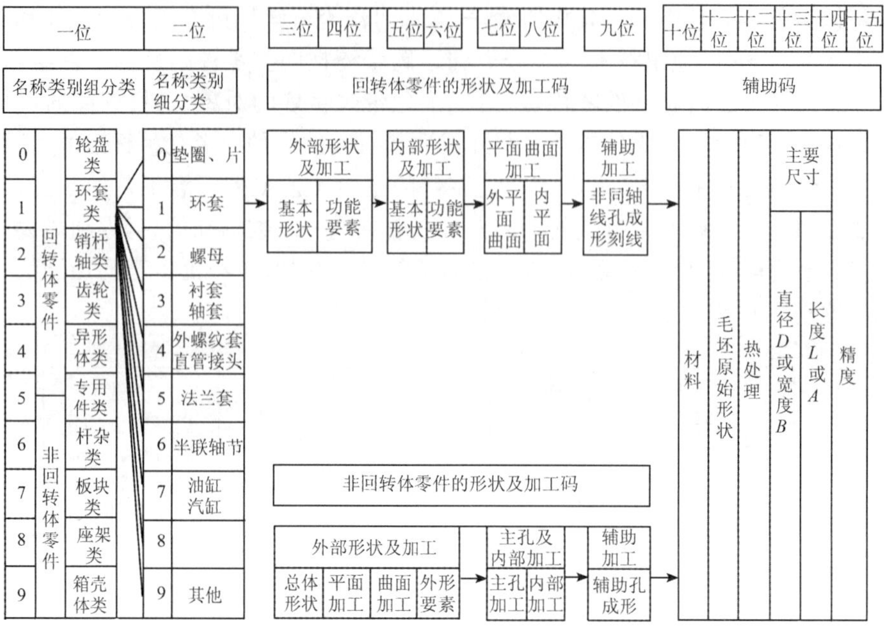

图 4-7　JLBM—1 分类编码系统

4.2.3　零件分类成组方法

零件组的区分是参照零件特征的相似性，零件目的的不同，零件相似性准则（特征）也不同而区分的。例如针对设计中的成组技术来看，相似性原则主要是结构相似。针对成组加工来看，就要注意工艺相似。在常见情形下，结构相似和工艺相似也有一定的共同性。

零件的编码工作可令编码人员按照编码的准则按照手工的形式来完成，还可利用计算机辅助编码系统软件以人机对话的形式为零件作自动编码。当前，这几种方法如视检法、编码分类法、生产流程分析法和模式识别法等都可以把零件分类成组。

4.2.3.1　视检法

视检法指的是按照零件图样机器的制作过程来根据经验对零件的相似性进行判断，而后按经验把零件分类成组。这种方法非常直观而且容易操作，是一种非常有效的对零件粗分类的方法。比如，应用视检法很容易地把零件分成回转体类、箱体类和叉体类等。但是这种方法仅仅是根据自己的经验实行的，所参考的零件类型是比较模糊的，因此拿它对零件作比较细的分类是非常麻烦，不容易操作的。当前，这种方法通常不会被单独使用，而是把它当作辅助方法，应用在零件的粗分类上。

4.2.3.2　编码分类法

比较常见的编码分类方法主要有以下几种。

1)特征码位法

在零件代码中采取能够表示零件工艺特征的一些代码来当作分组的凭证，就能够获得一组有着相似工艺特征的零件组，这几个码位就称之为特征码位。

比如，要运用成组工艺，应该注重工艺的相似性。对制造工艺影响大小的因素按照下面的顺序排列：

(1)零件类别。比如回转体与非回转体加工工艺是截然不同的。

(2)材料。黑色金属零件与有色金属零件，它们的加工条件不一样，且切屑也要分开。

(3)尺寸。加工尺寸不一样的零件选择的机床设备规格也会不一样。

(4)零件具体形状。零件主要形状的不同会对零件在加工中的定位、夹紧以及其他一些工艺有影响。

为此，对于相关这些因素的码位应选作分组特征码位。按同组零件来说，这些码位的值应该是一样的。

比如，奥匹兹系统是用第 1、6、7 位来体现零件类别、尺寸和材料的，因而应该把它当作分组依据。另外，第 2、3、4、5 四位码都是体现零件具体形状的，如果都把特征码当作分组限制，就肯定会出现相似性要求太高的问题，因此要按照具体的情形和工厂具体的情况，选择里面的一位码当作分组依据。比如，如果要根据外形来区分的话，可以使用第 2 位码。这样，当选择使用奥匹兹系统，并且用第 1、2、6、7 码位作特征位，则如图 4-8 所示可以把零件划归为同一组零件(因三者的第 1、2、6、7 码位上的数据一样，都为 0、4、3、0)。

零件	零件代码
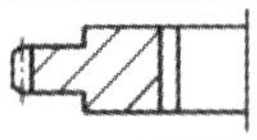	04306　3072
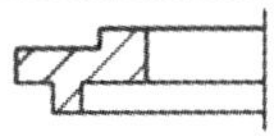	04100　3070
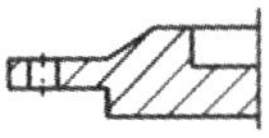	04702　3072

图 4-8　按特征码位法分组

2)码域法

对特征码位不能仅取一个数值，这是由于有些码位的特征性尽管比较强，但是在一定值固定的情况下有一定的相似性。比如第 1 位零件类别特征，特征值是 1 和 6 的零件类别有很大的差异，前者是回转体，后者则是非回转体。但是特征值是 0、1、2 的都是回转体，它们有很大的相似性。为此要给各位码一定的范围，即给一定的码域。码域法即适当放宽每一码位相似任务书的范围，这样允许编码虽然不一样，但是有一些相似性的零件还是可以归在同一零件组的，也就是把成组的零件种数合理地扩大了。比如在上述的例子中，给每位码规定如下码域：

第 1 位码 1、2

第 2 位码 0、1、2、3

第 6 位码 0、1、2、3

第 7 位码 2、3、4、5、6

针对不选择作特征位的 3、4、5、8 位码，它的码域不受限制，即能够包含全部值。这样一个零件组的特征位码域表(见表 4-1)就形成了。

表 4-1　特征位码域表

	1	2	3	4	5	6	7	8
0		√	√	√	√	√		√
1	√	√	√	√	√	√		√
2	√	√	√	√	√	√	√	√
3		√	√	√	√	√	√	√
4			√	√	√		√	√
5			√	√	√		√	√
6			√	√	√		√	√
7			√	√	√			√
8			√	√	√			
9			√	√	√			

对不同的零件组来说，它可规定不同的特征位，也可规定不同的码域，而且此方法灵活性非常大，因去除了某些对分组来说是次要的码位，就令分组工作获得简化。

3)特征码位码域法

这是由上述两个办法合并在一起的分组办法。特征码位码域法有着使用灵活、适用性强的特点，因此使用范围非常广。

4.2.3.3　生产流程分析法

生产流程分析是在分析工厂当前使用的零件工艺过程的根本上设立的。此方法仅与零件的制造办法有一定关系，无须参考零件设计特征的相似性。主要办法有关键机床法、聚类分析法(单链聚类分析法、排序聚类分析法、模糊聚类分析法)等。用关键机床法来区分零件族，一般参照以下的措施实行：

(1)整顿和制订设备清单、每种零件工艺路线卡、产品零件明细表等资料。

(2)求出基本零件组，主要的步骤有形成机床使用表、选择关键机床(一般采用加工零件种数最少的机床作关键机床)、形成基本组。

(3)把基础的组合组成零件组和机床组，此项工作和人的阅历、决断有非常大的关系，有一定的灵活性。

(4)检测机床负荷,进行机床负荷平衡。

生产流程分析可以用手工方式进行,也可以利用计算机。计算机用于生产流程分析是从1973年才发展起来的。目前,借助计算机只能进行上述步骤的(1)(2)(4),而步骤(3)还需用手工方式进行。

4.2.4　成组技术的工艺准备工作

在机械加工方面进行成组技术的时候,其工艺的计划工作主要有以下几个方面。

4.2.4.1　零件分类编码、划分零件组

工艺设计中最初的资料是各类产品的生产纲领和图纸,根据制定的分类编码法则对零件进行编码。

在进行成组加工的一开始,还把近期产品在小范围内实行,然后再慢慢地扩展到各种产品的零件。

零件组的区分是按照工艺相似性来判定的,为此确定相似程度就显得非常关键。比如代码基本一样的零件被划到一组,那么同组零件出现相似性的概率就会非常高,且批量会相对较少,因而其成组的效益就无法体现出来。零件的特性、生产批量以及设备条件等因素对相似程度有非常直接的影响。

零件分类成组是进行成组技术的一个根本工作。为了令现有零件工艺过程的多样性有所减少,零件的工艺批量有所增加,并使工艺设计的质量为之提升,加工零件应通过自身结构特征与工艺特征的相似性来实行分类成组。在完成成组设计的时候,应通过零件的相似特征对零件分类编组,而后把零件组作为对象来实行工艺设计与组织生产。零件分类成组主要有三种方法,即编码分类法、人工视检法和生产流程分析法。

4.2.4.2　拟定成组工艺路线

选取或者计划主样件,要根据主样件来制作工艺路线,该零件组内的全部零件的加工都可以适用。但是如果是结构比较繁复的零件,把组内所有形状结构要素都结合在一起作成主样件,这一般来说是难以实行的。

这个时候可以通过流程分析法,也就是对组内各零件的工艺路线进行研究,将其变成一个工序完整、安排恰当、适用于全组零件的工艺路线,从而制作出成组工艺卡片。

4.2.4.3　选择设备并确定生产组织形式

成组加工的设备的选择主要有以下几种:

(1)利用原有通用的机床或者合理改装,装配成组夹具和刀具。

(2)制定出专门的机床或者高效自动化机床及工装。

上述这两种选择的加工工艺方案区别有一些大,因此制订零件工艺过程的时候,要把设备选择方案考虑在内。按照工序总工时来计算,各个设备的台数要确定每个设备尤

其是关键设备的负荷率要达到最高。通常来讲,负荷量可存有 10%～15%的负荷量用以供应扩大相似零件的加工使用。除此之外,设备的利用率包括时间负荷率以及设备能力的使用程度,比如空间、精度和功率负荷率。

4.2.4.4 设计成组夹具、刀具的结构和调整方案

它是完成成组加工的一个必不可少的条件,对成组加工的经济成效会有非常大的影响。在改动加工对象的时候,工艺系统也要随之进行一些调整。一旦调整比较麻烦,就会使生产过程停止,令准备和终结的时间增加,这时就无法显现出“成组批量”了。因此,对于成组夹具、刀具的设计需求就是把改换的工件调节得更方便。快速,定位夹紧牢固,做到完成生产的连续性,同时要使此工作对工人的技术水平需求不会太高。

4.2.4.5 进行技术经济分析

成组加工要做到在确保产品质量的前提下,实现很高的生产率和设备负荷率(60%～70%)。计算单件时间的定额以及各台设备或者工装的负荷率,可按照各类零件的加工过程计算。一旦出现负荷率不足或者太高的情况,就要对零件组或者设备选择方案进行合理的改变并调节。

4.2.5 成组生产的组织形式

成组加工开始的想法是将有着相似加工特征的零件归并成组,来形成“叠加批量”。“相似加工特点”主要涵盖使用的设备、工艺设备以及机床调整的一致性。加工系统可以根据机群式设置,也能根据“叠加批量”来组织生产。

成组加工发展表现为提出构建一个专业化的机床组来实现一个有相似加工要求的零件组的加工。

按照现在成组加工的客观使用状态来看,成组加工系统包含 3 种组织形式:成组加工单机、成组加工单元、成组加工流水线。这三种组织形式是分布在机群式与流水线两者间的设备布置形式。机群式主要用于单件小批量生产,而流水线主要用在常见的大批量生产上。成组加工适用于哪种形式,将取决于按照零件加工的相似程度以及“叠加批量”的大小。

4.2.5.1 成组加工单机

成组加工单机是成组技术的初期方式,是以机群式布置为基础发展起来的,它由一个工作位置组成,在一个工作地点或者一台机床上就可以做出一个相似零件组的加工,比如在六角车床上加工回转体零件等。一个零件要想通过好几道工序,要做到根据加工工序的相似性,把零件加工相似的工序都聚合在同一台机床上完成,而另外的工序分散到其他单机上进行。

用上述方法来对零件作加工,零件组中的所有零件(或者某个工序)都应包含下面几

个特点：

(1)零件应该要有同样的装夹方法。

(2)在空间位置和尺寸方面上，零件要有同样的或者类似的加工表面，不强求零件的形状必须相同，但是其加工表面位置和尺寸要有一定的相似性。

4.2.5.2　成组加工单元

在一组机床上做完一个或者几个工艺相似的零件组的整个工艺过程，该组机床也就是能够组成车间的一个封闭生产单元，此生产单元和一般的小批量生产利用的“机群式”排列的生产工段是完全不同的。一个机群式生产工段仅能进行零件的某一个别的工序，但是成组加工单元就能够做完一定零件组的全部工艺过程。

成组加工单元作为一个混合机床组，在这个机床组内能够做完零件组加工的整个工序，且在组内可自如安排加工顺序。成组加工单元的生产方式如图 4-9 所示。

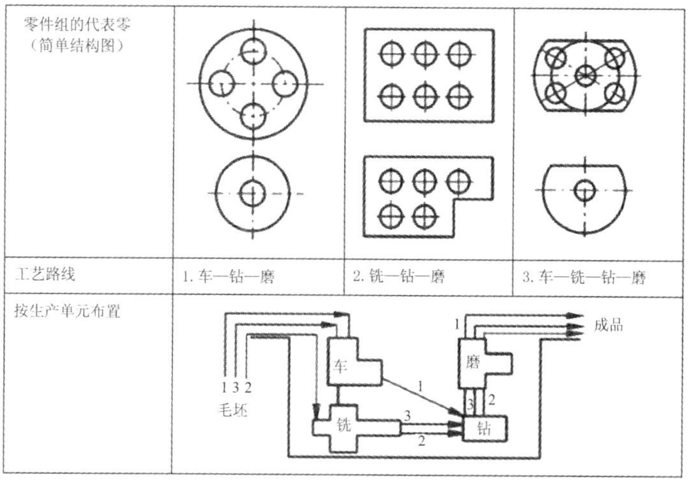

图 4-9　**成组加工单元的生产方式**

成组加工单元是成组技术在加工中使用非常常见的方式，它在多品种、中小批量的生产中的应用范围非常广。从图 4-9 中可以看到，它跟流水线的生产方式非常相似，单元内的机床是依据零件组的常见工艺过程进行划分的，并且不会受到生产节拍因素的影响，也就是说，在单元内零件能够自如流动，还能够间隔机床流动，因此它有一定的灵活性。

成组加工单元的优点是：使工序之间的运输间距大为缩短，令制品库的数量有一定减少；零件的生产周期大为缩短，对设备的利用率有所提升，同时使生产的造价有所减少；单元内的工人工作向专业化转变，加工品质比较稳定，生产效率相对有所提高。

由于成组加工单元相对比较独立，且职责非常清晰，所以可以确定产品的品质与生产效率，还能以非常少的造价得到很高的经济收益。因此成组加工单元是非常先进的生产组织方式，还是一种科学的管理办法，目前大部分的企业都在使用此方法。

4.2.5.3 成组加工流水线

成组加工流水线指的是以成组加工单元为根本，把各工作地（设备）根据零件组的加工顺序稳固制定起来。在流水线上，把需要加工的零件做比较接近节拍的单项活动，工作流程有序并且要有节奏。和成组加工单元比较起来，它要先进很多，因此可以认为它是成组加工系统中完成加工过程合理化非常高级的组织方式。

跟常见的流水线比起来，其不同点为成组加工流水线仅用少量的调节就可以加工出同组内不同的零件。在这里要注意，在生产线上流动的并不只是一种零件，而是很多种相似的零件。

从某一种零件上看，它不需要经过线上的每台机床，这样的生产方式只对个别产量很大的工艺相似零件适用。

成组加工流水线的特点为零件运输路线较短，不迂回，工艺适应性很大。

国内外的实践显示，在中、小批量生产中，设计、制造与管理可作为一个整体系统，全面进行成组技术，这样就能够有最佳的综合经济效益。不仅可以令产品设计和工艺设计工作合理化、标准化，还节省了设计时间和费用，同时也扩大了零件的成组年产量，便于运用非常先进的生产技术和高效加工设备，令生产技术水平和管理效率得到非常大的提高。特别是它能够把很多的信息分类成组并规格化、标准化，简化了信息的存储流动，将用计算机获取的信息检索、分析和处理，因此成组技术也是计算机辅助工程的技术根本。

4.3 柔性制造系统

4.3.1 柔性制造系统的产生、概念及类型

4.3.1.1 柔性制造系统的产生

20世纪五六十年代以来，很多工业发达的国家和地区，在达到高度工业水平之后，就逐渐进入了从工业社会往信息社会转化的时期。这个时期的主要特征是数字计算机、遗传工程、光导纤维、激光、海洋开发等新技术的日益广泛深入的应用。对于机械制造业来说，计算机的介入对它的发展影响是非常大的。而后还发展了一系列机电一体化新概念，例如机床数字控制（NC）、计算机数字控制（CNC）、计算机直接控制（DNC）、计算机辅助制造（CAM）、计算机辅助设计（CAD）、成组技术（GT）、计算机辅助工艺规程编制（CAPP），计算机辅助几何图形设计（CAGD）、工业机器人（ROBOT）等新技术。

由于这些技术的综合应用，在20世纪70年代末80年代初出现了“柔性制造系统”（Flexible Manufacturing System，FMS），它是由计算机控制的自动化加工系统，在它的上面可以同时加工形状类似的一组或者一类产品。从广义上来说，柔性制造系统（FMS）

是一种可编程控制系统，它有着管理高层次分布数据的能力，还有自动的物流，因此能够作出小批量、多品种、高效率的制作，做到适应不同产品周期的动态变化。

4.3.1.2　柔性制造系统的概念

FMS 目前还没有统一的定义。根据《中华人民共和国国家军用标准》有关“武器装备柔性制造系统术语”的定义，FMS 的定义为：“柔性制造系统是数控加工设备、物料运储装置和计算机控制系统等组成的自动化制造系统。它包括多个柔性制造单元，能根据制造任务或生产环境的变化迅速进行调整，适用于多品种、中小批量生产。”

美国制造工程师协会的计算机辅助系统和应用协会对柔性制造系统定义是：“使用计算机控制柔性工作站和集成物料运储装置来控制并完成零件族某一系列工序的，或一系列工序的一种集成制造系统。”

为了更容易对 FMS 理解，国外相关专家对 FMS 作了非常直接的定义：“柔性制造系统至少是由两台机床、一套物料运储系统（从装载到卸载具有高度自动化）和一套计算机控制系统所组成的制造系统，它通过简单地改变软件的方法便能制造出多种零件中的任何一种零件。”

4.3.1.3　柔性制造系统的类型

柔性制造技术属于技术密集型的技术群，偏重于柔性，适合多品种、中小批量（涵盖单件产品）的加工技术一般都是柔性制造技术。根据规模大小，柔性制造技术主要有：

1）柔性制造系统

柔性制造系统是由若干数控设备、物料运储装置和计算机控制系统构成的，可以按照制造任务和生产品种变化进行调节的自动化制造系统。柔性制造系统适用于加工形状复杂、加工工序多、批量大的零件。它的加工和物料传送柔性很大，然而人员柔性却比较低。

2）柔性制造单元

柔性制造单元（Flexible Manafacturing Center，FMC）是由一台或者数台数控机床或者加工中心组成的加工单元。该单元可以按照需求自动更换刀具和夹具，加工不同的工件。柔性制造单元适用于加工形状复杂、工序简单、工时比较长、批量小的零件。它具有非常大的设备柔性，但是人员和工艺柔性很低。

3）柔性制造线

柔性制造线（Flexible Manafacture Line，FML）是将很多台能够调整的机床（主要为专用机床）连接在一起，然后与自动运送装置在一起而组成的生产线。它能够加工批量比较大的不同规格的零件。在性能上，柔性程度低的 FML 与大批量生产用的自动生产线非常接近；柔性程度高的 FML 则与小批量、多品种生产用的柔性制造系统非常接近。

4）柔性制造工厂

柔性制造工厂（Flexible Manufacture Factory，FMF）是把很多条 FMS 联合在一起，

与自动化立体仓库装配，通过计算机系统进行相关联，而后从订货、设计、加工、装配、检验、运送至发货的完整 FMS。FMF 是自动化生产的最高水平，它展示了世界上先进的自动化应用技术。FMF 把制造、产品开发以及经营管理的自动化连接成一个整体，有完成工厂柔性化和自动化的特点。

4.3.2 柔性制造系统的组成和结构

柔性制造系统的构成部分为：物质系统、能量系统和信息系统，每个系统又由许多子系统组成，如图 4-10 所示。各个系统间的关系如图 4-11 所示。

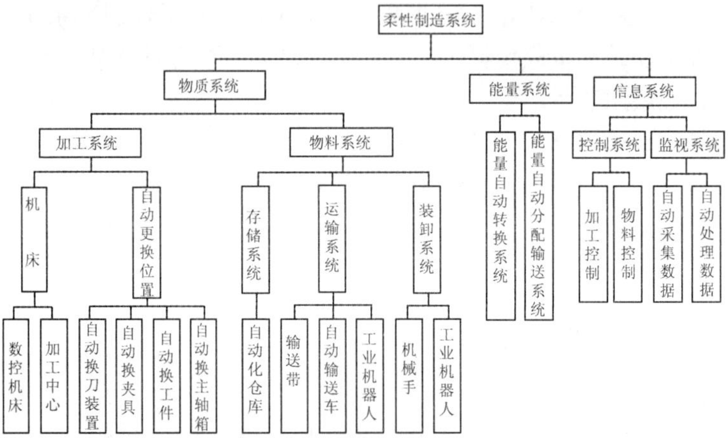

图 4-10 柔性制造系统的组成

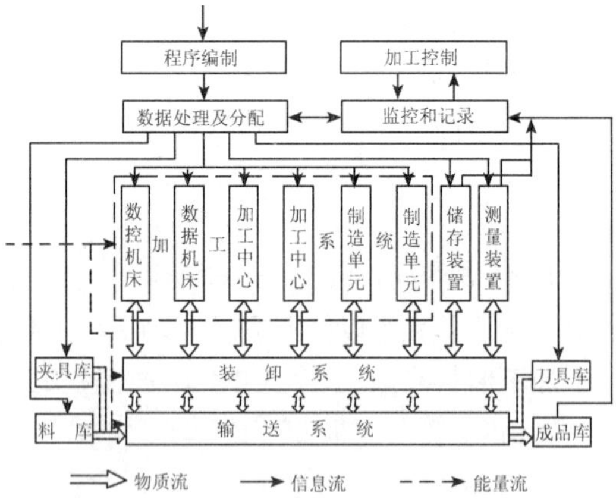

图 4-11 柔性制造系统中各个系统间的关系

柔性制造系统的关键加工设备是加工中心和数控机床，目前以铣镗加工中心（立式和卧式）和车削加工中心占多数，通常用 3～6 台构成。一般来说，柔性制造系统的输送装置有输送带、有（无）轨输送车、行走式工业机器人等，还可以用一些专门的输送装置。在一个柔性制造系统中可以同时采用多种输送装置形成复合输送网。输送方式一般为线形、环形和网形的。柔性制造系统的储存装置可使用立体仓库和堆垛机，还能使用平面仓库和托盘站。托盘属于随行夹具的一种，在它的上面安装着工件夹具(组合夹具或者通用、专用夹具)，工件装夹在工件夹具上面，托盘、工件夹具和工件组合成一体，通过输送装置输送，托盘装夹在机床的工作台上。托盘站还有暂时存储的功能。如果配置在机床的附近，则能起到缓冲的效果。仓库可分为毛坯库、零件库、刀具库和夹具库等。其中刀具库有集中管理的中央刀具库和分散在各机床旁边的专用刀具库两种类型。柔性制造系统中除主要加工设备外，还应有清洗机、去毛刺机和测量机等，它们都是柔性制造单元。

柔性制造系统通常由小型计算机、计算机工作站、设备控制装置(如机床数控系统)形成递阶控制、分级管理，其工作内容有以下几方面：

(1)生产工程分析和设计根据生产纲领和生产条件，对产品零件进行工艺过程设计，对整个产品进行装配工艺过程设计。设计时应考虑工艺过程优化，能适应生产调度变化的动态工艺等问题。

(2)生产计划调度制订生产作业计划，保证均衡生产，提高设备利用率。

(3)工作站和设备的运行控制工作站由若干设备组成，如车削工作站由车削加工中心和工业机器人等组成。工作站和设备的运行控制是指对机床、物料输送系统、物料存储系统、测量机、清洗机等的全面递阶控制。

(4)工况监测和质量保证对整个系统的工作状况进行监测和控制，保证工作安全可靠，运行连续正常，质量稳定合格。

(5)物资供应与财会管理会令柔性制造系统出现确切的运行的技术经济成果。由于柔性制造系统的投资有一些大，因此实际运行效果是必须要考虑的。

4.3.3 FMS 自动加工系统

FMS 的自动加工系统主要涵盖了很多种设备，如车削加工中心、铣削加工中心、主轴箱更换式机床等。在 FMS 中加工的零件主要有箱体形、平板形等棱柱体零件和回转体类零件两种类型。FMS 不仅可由同一类型的设备如车削加工中心(TC)或铣削加工中心(MC)构成，还可由多种类型的设备比如数控机床、加工中心等构成。加工系统是 FMS 的根本，它的目标是将原材料变成最终产品。

4.3.3.1 FMS 对加工设备的要求

因为 FMS 是自动化非常高的制造系统，并非所有的加工设备都能够被添加到 FMS 中。因此添加到 FMS 运动的机床一定要有工序集中、高柔性与高生产率和方便控制 3 个特性。

1)加工工序集中

FMS 是满足多类型小批量加工的自动化较高的制造系统，成本比较高，因此就必须做到：有尽量少的加工工位的数量，接近满负荷工件。另外，比较少的加工工位，还能够令工件流的运送负担得以缓解。因此，柔性制造系统中机床的显著优点为同一机床加工工位上的加工工序要集中。

2)高柔性和高生产率

为了使高柔性和高生产率的需求得到满足，近些年来，在设计机床结构上主要有柔性化组合机床和模块化加工中心两个发展方向。柔性化组合机床也被叫作可调式机床，一般常见的有自动更换转塔主轴箱机床、主轴箱机床。模块化加工又将加工中心划分为多个标准模块和通用部件，通过加工对象的不同需要构成各种不同的加工中心。

3)方便控制

FMS 使用的机床一定要适用于放进整个制造系统。因此，机床的控制系统除了可以完成自动加工循环，还必须要顺应加工对象的变化，重新调整起来比较容易，换言之，要有“柔性”。

此外，FMS 自身控制系统和 FMS 中央控制系统调度并控制着 FMS 中的全部设备，完成了动态调度、共享资源以及提升效率。为此，FMS 中全部设备的控制器要做好通信协议和标准接口的创建，促使所有存储系统、运储系统，以及生产设备等能够工作。

4.3.3.2 加工设备选择的原则

可靠的、自动化的、高效率的和高柔性的特点应是 FMS 中加工设备所具备的特点。在进行选择时，一定要将 FMS 加工零件的大小范畴、经济效益、零件的工艺性、加工精度和材料等全部考虑到。

对于长度直径比小于 2 的回转体零件，如需要进行大量铣、钻和攻螺纹加工的圆盘，通常在加工棱柱体的 FMS 中进行加工。

对于棱柱体零件，加工设备的选择通常都在立式和卧式加工中心以及专用机床中进行。FMS 上待加工的零件族对各加工设备所需求的功率、加工尺寸范畴和精度有着非常重要的影响。另外，加工中心等设备会被与物料运储系统连接问题所制约。

4.3.3.3 典型加工设备

1)加工中心(MC)

加工中心普遍指的是铁削加工中心，是一种多工序数控机床，它本身包含刀库与自动换刀装置(ATC)。装夹一次工件以后，就可以实现多工序比如铣、镗、钻等的加工，而且有着多种选、换刀的特点，从而提升其生产效率和自动化程度。

加工中心是由 A、B、C 3 个坐标轴与 X、Y、Z 3 个坐标运动轴的恰当组合形成的。根据控制轴数进行划分，MC 可以分为三坐标加工中心、四坐标加工中心和五坐标加工中心 3 种。其中三坐标加工中心拥有 X、Y、Z 三轴联动控制功能，四坐标加工中心拥有 X、Y、Z 三轴联动和 8 轴功能，而五坐标加工中心拥有 X、Y、Z 三轴和 B 轴功能，另加 C 轴功能。

如果根据主轴的位置进行划分，可以划分成以下 3 种，即立式加工中心、卧式加工中心和立卧两用加工中心。其中立卧两用加工中心又称为五面加工中心。常用的符合柔性制造系统需求的卧式加工中心机床如图 4-12 所示。此机床是根据模块化机制进行设计的，主要由以下部分构成，即主轴头、换刀机构和刀库、立轴（Y 轴坐标）、立轴底座（Z 轴坐标）、工作台、工作台底座（X 轴坐标）等。

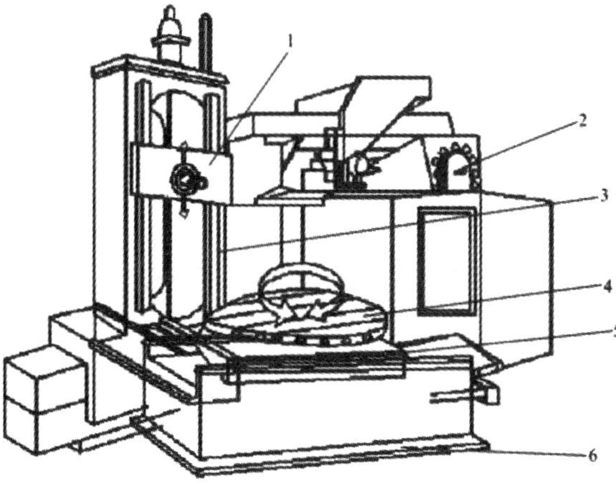

图 4-12　卧式加工中心

1—主轴头；2—换刀机构和刀库；3—立轴（Y 轴坐标）；4—立轴底座（Z 轴坐标）；5—工作台；6—工作台底座（X 轴坐标）

2）车削加工中心（TC）

车削加工中心是一种数控机床，其特点是效率高、精度高。它的主要部件为数控机床，装配上刀库与自动换刀装置以后，就组成了车削加工中心。车削加工中心的结构如图 4-13 所示。

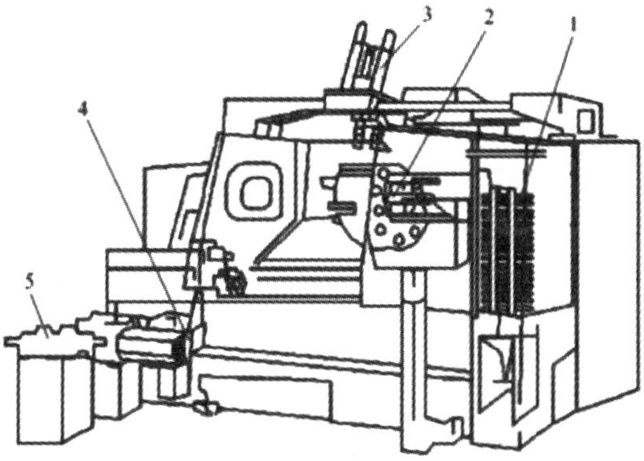

图 4-13　车削加工中心

1—刀库；2—回转刀架；3—换刀机械手；4—上下工件机器人；5—工件存储站

根据主轴的方向是水平还是垂直，可将车削加工中心分为两大类：卧式和立式。与 MC 相比，目前应用中的 TC 种类并不多。车削加工中心主要应用于回转体零件的复合加工。在 TC 上除外圆车削和镗孔外，还可完成端面与圆柱面上的径向钻削和铣削加工。如加工外圆上的平面、径向孔、槽、凸缘上的槽、孔、端面的槽等。

TC 的主要优点是：①缩短每道工序的准备时间或操作时间；②合并工序减少工夹具数量；③减少中间库存；④合理有效地分配工序负荷。

3)主轴箱更换式机床

设计主轴箱更换式机床(Head Changing Machines)的思路是按照对零件进行加工的要求,对主轴驱动单元上的单轴、多轴或多轴头进行替换,以完成加工机床的柔性和生产率。

主轴箱更换式机床是把1～2台主轴驱动单元作为重点,把可供替换的主轴箱的箱库放置在它的周围。按照加工的需求把要替换的主轴箱从其箱库中自动地传送到驱动单元的位置上,联合上驱动单元以后实施加工。根据主轴箱的更换方式可以把主轴箱更换式机床划分成循环式、直线式、鼓轮式3种类型。

4.3.3.4 自动化加工设备在FMS中的控制与集成

1)数字控制

数控机床是将大规模集成电路、转速控制系统和高精度电机位置伺服控制系统与多坐标机床组合起来形成的。它通过对硬件逻辑控制,利用可编程控制器(PLC)来实施加工、辅助动作的成组控制操作,通过存储器对NC程序、PLC程序进行保存,并运用数字硬件电路来实现NC程序中的插补运算与移动指令。系统拥有NC程序编程支持功能,通过手工的方式,操作人员在系统上可完成编写。同时,系统还具备通信的功能,对自动编程机或CAD/CAM系统生成的NC程序有一定程度的认可。

2)自适应控制

数据机床上的自适应控制通常包括以下功能,即对加工环境中影响机床性能的随机性变化进行检测与识别;决定怎样对控制器的某些部分或控制策略进行修改,从而得到非常好的加工功能;对控制策略进行更正,从而达到理想的决策。显而易见,识别、决策与修改是自适应控制的3个重要职责。

3)控制传感器

要使数控系统的需求被满足,就要对以下内容进行检测和计算:刀具和工件工作台的位移及转角、驱动装置的速度、切削力、刀具和切削面的距离、刀具温度、切削深度参数等。为此,配置很多类传感器非常有必要,常见的传感器有位置与速度传感器、温度传感器、力和力矩传感器等。

4)计算机数字控制

CNC系统和NC系统的功能大致上是一样的,只不过CNC系统中有一套计算机系统。计算机实施了很多控制,比较常见的有逻辑控制、几何数据处理以及NC程序执行等,它们均有着非常强的柔性。

5)集成化DNC系统

一般来说,NC或者CNC系统拥有串行数据通信接口,其作用是完成NC程序的双向传送性能。若CNC系统具备DNC性能,那么能把串口及计算机网络跟FMS系统控制器结合起来。

6)通过网络的通信集成

目前,CNC运用PLC网络和CNC系统来支持以太网的通信集成形式。它有不少突出的特点，例如通信稳定、通信速率高、系统开发性好以及控制功能全，是 DNC 系统所要发展与应用的方向。

4.4　计算机集成制造系统

4.4.1　CIM 和 CIMS 的概念

20 世纪 70 年代中期，随着市场的逐步全球化，市场竞争不断加剧，给制造企业带来了巨大的压力，迫使这类企业纷纷寻求并采取有效方法，以使具有更高性能、更高可靠性、更低成本的产品尽快地推广到市场中去，提高市场占有率。与此同时，计算机技术有了飞速的发展，并不断应用于工业领域中，这就为计算机集成制造（Computer Integrated Manufacturing，CIM）的产生奠定了技术上的基础。

1974 年，美国的约瑟夫·哈林顿（Joseph Harrington）博士在 *Computer Integrated Manufacturing* 一书中阐述了计算机集成制造（CIM）的含义，其根本内容为：企业的全部生产环节是一个无法分离的整体，必须要进行全面考虑。实际上，全部生产制造的流程是采集、传递和加工处理信息的历程，最后完成的产品可被当成是信息的物质体现。

这一观点提出以后，已被越来越多的人所接受，CIM 概念得到不断的丰富和发展。虽然至今对 CIM 尚无一个权威性的定义，但就集成而言可将之定义为：CIM 是一种新型的组织、管理、企业生产的方法，它通过使用计算机软硬件，全面使用现代管理技术、制造技术、信息技术等，将企业生产全部过程中有关人、技术、经营管理 3 要素及其信息流与物质流有机地集成并优化运行，以实现产品的高质量、低成本、缩短交货期，提升企业对市场变化的应变能力和综合竞争能力。

CIM 目前被当作是企业对生产进行组织的先进理论与手段，是企业针对自身来进行的提高竞争能力的重要方式。在集成的环境下，生产企业通过连续不断地改进和完善，消除存在的薄弱环节，将合适的先进技术应用于企业内的所有生产活动，为企业提供竞争的杠杆，从而提高企业的竞争能力。

目前，CIMS 是一种新型的制造方式，它是根据 CIM 的理论基础而创建的人机系统。它以企业的经营战略目标为起点，把传统的制造技术有机地与现代信息技术、自动化技术、管理技术等进行结合，将产品从创意策划、设计、制造、储运、营销到售后服务整个过程中相关的人和组织、技术和经营管理 3 个要素有机地结合起来，促使系统中的所有活动、信息有机集成并优化运行，以实现减少成本 C（Cost）、提升质量 Q（Quality）、缩减交货周期 T（Time）等目的，因而使市场的竞争力与企业的创新设计能力有所提高。

4.4.2　计算机集成制造系统的结构体系

计算机集成制造系统的结构体系可以从层次、功能和学科等不同角度来论述。

4.4.2.1 层次结构

企业采用层次结构可便于组织管理，但各层的职能及其信息特点有所不同。计算机集成制造系统可以由公司、工厂、车间、单元、工作站和设备六层组成，也可由公司以下的五层或工厂以下的四层组成。设备是最下层，如一台机床、一台输送装置等；工作站是由两台或两台以上设备组成；两个或两个以上工作站组成一个单元，单元相当于生产线，即柔性制造系统（“单元”名称是由英文“cell”翻译过来的）；两个或两个以上单元组成一个车间，如此类推就组成了工厂、公司。总的职能有计划、管理、协调、控制和执行等，各层有所不同。“层”又可称为“级”。

计算机集成制造系统的各层之间进行递阶控制，公司层控制工厂层，工厂层控制车间层，车间层控制单元层，单元层控制工作站层，工作站层控制设备层。递阶控制是通过各级计算机进行的。上层的计算机容量大于下层的计算机容量。

4.4.2.2 功能结构

计算机集成制造系统包含了一个制造工厂的设计、制造和经营管理三大基本功能，在分布式数据库和计算机网络等支撑环境下将三者集成起来。图 4-14 为计算机集成制造系统的功能结构，通常可归纳为 5 大功能。

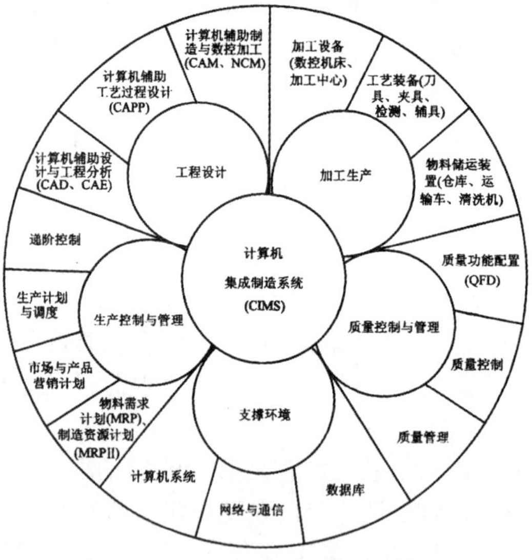

图 4-14 计算机集成制造系统的功能结构

1）工程设计功能

它包括计算机辅助设计与制造、计算机辅助工艺过程设计、计算机辅助装备（机床、刀具、夹具、检具等）设计和工程分析（有限元分析和优化等）。

2）加工生产功能

它实际上是一个柔性制造系统，由若干加工工作站、装配工作站、夹具工作站、刀具工作站、输送工作站、存储工作站、检测工作站和清洗工作站等完成产品的加工制造。同时应有工况监测和质量保证系统，以便稳定、可靠地完成加工制造任务。加工的任务一般比较复杂，涉及面广，物料流与信息流交汇，要将加工信息传输到各有关部门，以便及时处理，解决加工制造中发生的问题。

3)生产控制与管理功能

它的主要任务有市场需求分析与预测、制订发展战略计划、产品经营销售计划、生产计划(年、季、月、周、日、班)、物料需求计划(Manufacturing Resource Planning，MRP)和制造资源计划(Manufacturing Resource Planning Ⅱ，MRP Ⅱ)等，进行具体的生产调度、人员安排、物资供应管理和产品营销等管理工作。

制造资源计划是将物料需求计划，生产能力(资源)平衡和仓库、财务等管理工作结合起来而形成的，是更实际、更深层次的物料需求计划。

4)质量控制与管理功能

它是用质量功能配置(Quality Function Deployment，QFD)方法规划产品开发过程中各阶段的质量控制指标和参数，以保证产品的用户需求。当前已发展为包括全面质量管理和产品全生命周期的质量管理。全面质量管理指的是“一个组织以质量为中心，以全员参加为基础，目的在于通过让顾客满意和本组织所有成员及社会受益而达到长期成功的管理途径”。它是质量管理上更高层次、更高境界的管理。

5)支撑环境功能

它主要是指计算机系统、网络与通信、数据库，以及一些工程软件系统和开发平台等。

4.4.2.3　学科结构

从学科看，计算机集成制造系统是制造技术与系统科学、计算机科学技术、信息技术等交叉融合的集成。

此外，计算机集成制造系统的集成结构还有多方面的含意，如信息集成、物流集成、人机集成等。

1)信息集成

它是指在工程信息、管理信息、质量管理等方面的集成，并通过信息集成做到从设计到加工的无图样自动化生产。

2)物流集成

它指的是在制造毛坯到成品的流程中，全部构成环节的集成，诸如储存、运输、加工、监测、清洗、检测、装配以及刀、夹、量具工艺装备等的集成，通常又称为底层集成。

3)人机集成

它强调了“人的集成”重要性以及人、技术和管理的集成，提出了“人的集成制造”(Human Integrated Manufacturing，HIM)和“人机集成制造”(Human and Computer Integrated Manufacturing，HCIM)等概念，代表了今后集成制造的发展方向。

4.4.3 计算机集成制造系统的应用

图 4-15 为建立在清华大学的国家计算机集成制造系统工程技术研究中心(CIMS—ERC)的计算机集成制造系统实验工程,该系统由车间、单元、工作站、设备四级组成,在网络和分布式数据库管理的支撑环境下,进行计算机辅助设计/计算机辅助制造、仿真、递阶控制等工作。网络通信采用传输控制内部协议(TCP/IP)、技术和办公室制造自动化协议(TCP/MAP),网络为以太网(Ethernet)。车间层由两台计算机控制,其中一台为主机,一台专管制造资源计划。单元层由两台计算机(单元控制器)控制各工作站及设备。单元是一个制造系统,加工制造非回转体零件(如箱体)和回转体零件(如轴类、盘套类),故有一台卧式加工中心、一台立式加工中心和一台车削加工中心来完成加工任务,加工后进行清洗,清洗完毕后在三坐标测量机(测量工作台)上进行检测。夹具在装夹工作站上进行计算机辅助组合夹具设计及人工拼装。卧式加工中心和立式加工中心都是镗铣类机床,其所用刀具由中央刀具库提供,并由刀具预调仪测量尺寸,所测尺寸应输入刀具数据库内。单元内有立体仓库,由自动导引输送车(Automatic Guide Vehicle,AGV)输送工件、夹具和托盘等物件。对于卧式和立式加工中心,用托盘装置进行上下料;对于车削加工中心,用机器人进行上下料。

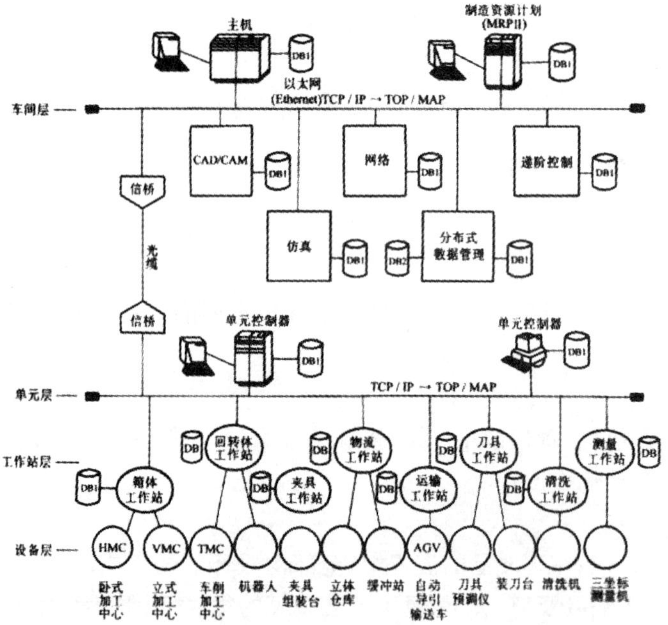

图 4-15 计算机集成制造系统实验工程结构示意

第 5 章　快速原型技术研究

快速原型(Rapid Prototyping,RP)技术诞生于 20 世纪 80 年代,主要是在计算机的控制下,基于材料堆积法的一种高新制造技术。它是首先将复杂的三维实体模型变为简单的具有一定厚度的一系列二维片层,然后再将片层层层叠加形成。本章首先对快速原型技术进行总体概括,然后分别对快速原型技术工艺方法与快速原型技术应用进行研究。

5.1　快速原型技术总论

5.1.1　快速原型技术的产生

制造业的竞争在全球一体化的形成中变得愈加激烈,市场竞争的主要矛盾也逐渐成为产品的开发速度。这样,传统的大批量、刚性的生产方式及其制造技术在这种形势下已经不能再适应。同时,在新产品的开发过程中,初始的设计总是要经过反复地修改,才能向市场上推出。因此,在这一过程中的关键就是产品的开发速度和制造技术的柔性。因此,这就迫切需要一种新的技术可以直接快速地将设计资料转化为三维的实体。随着科学技术的发展,计算机、CAD、材料及激光灯技术的发展和普及,为新的制造技术的产生提供了技术支持。

快速原型技术借助于现代手段将 CAD 与 CAM 集成为一体,这样不用传统的刀具、夹具和模具,只需根据计算机上构造的三维模型,就能在短时间内直接制造出产品的样品。RPM 技术开创了产品开法的新方式,设计者在这个过程中能够体会一种从未有过的设计感觉;对所设计产品的结构和外形还能进行迅速地、感性地验证和检查,这就开创了一个崭新的设计工作环境;不仅将设计过程中的人机交流进行了改善,也将产品的开发周期缩短了,这就使产品更新换代的速度大大加快,降低了企业在新产品投资方向上的风险。

5.1.2 快速原型技术的内涵

快速原型技术为一种离散堆积的成型过程，因此与传统的去除成型完全不同。这种过程包含前期的数据处理（离散）和物理实现（堆积）两个过程。在离散过程中，沿着一定的方向将三维形体的CAD模型进行分解，得到一系列截面数据，成型头运动的轨迹便是根据这些截面数据结合各自的工艺要求获得的。在堆积过程中，运动轨迹控制成型头的运动加工层片，然后在层片与层片之间进行堆积、连接。不断重复上面的过程，即可得到需要加工的零件。

5.1.3 快速原型技术的发展

在经过三四十年的发展后，快速原型技术的应用领域也越来越广泛。同时，快速原型技术也在不断地发展完善，主要是解决目前存在的成本高、精度低、应用难以开展等问题。新的研究主要集中在以下几个方面。

5.1.3.1 应用范围的不断扩大

目前在许多行业中都很看重快速原型技术，并且都采取了一定的手段对其进行推广应用，医疗领域和模具领域是其中较为突出的制造业。远程制造因为Internet的出现和发展逐渐变成了可能，在国外提出了一种新的制造概念即一天完成任务。在24小时内通过网络完成网络招标、网络订货、CAD/CAM/RP加工、快速传递等任务。目前快速原型技术正处于不断发展完善之中，在未来它必将会在更多的行业中得到应用，硕果累累。国内在20世纪90年代初才开始对快速原型技术进行研究，许多高校都对此技术进行了理论研究，主要的研究方向为RP理论、RP工艺原理、方法及控制技术、RP成型精度控制技术、RP成型材料及CAD数据处理软件等，其中不乏一些水平很高的研究。这其中就有清华大学研究的LOM工艺和FDM工艺、西南交通大学研究的SL工艺、华中理工大学研究的LOM工艺等。这些高校的研究成果都有着自己的特点，并且也都开发出了能够商业化的快速原型设备，同时对RP的应用开始进行深入研究。此时为了加强推广RP技术的应用工作，在一些单位中还成立了专门的RP服务中心。像海尔、春兰等一些国内的大型企业已经引进了国外的RP系统，并且已将其用于新产品的开发。在国外已经有一些较为成熟的应用研究。如三维印刷技术、陶瓷原型、金属原型以及气态材料成型研究，这些在国内还没有相关研究。当前国内使用的大部分都是国外进口的快速原型材料，自己研究开发的单位是少之又少。总体看来，与国外情况相比，无论是在研究开发还是在推广应用上，国内的快速原型技术都与其相差甚大。RP技术是科技含量很高的一项技术，在国内应该对其进行广泛的推广，加强它的宣传和应用示范，使其能够得到各个行业的认可并对其加以使用。同时还应该考虑一些诸如降低成本、简化工艺、提高效率等方面的工作，以及提高成型件的表面光洁度与成型精度，并对其材料的相关物理性能进行提高，促使快速原型技术尽快实现普遍应用。

5.1.3.2　新型工艺方法的研究

科技不断发展，新的快速原型方法也不断出现。例如多种材料组织的熔融沉积成型、层光扫描固化法、侵入式光成型、直接光成型及光成型表面光顺工艺等方法。其中，多种材料组织的熔融沉积制造产品采用的是利用多个喷头对不同的材料进行熔融沉积来获得；层光扫描固化法是用行扫描代替点扫描。这些方法大部分是对前面阐述的那些典型工艺方法进行改进得到的。与此同时，新的成型机理也在不断地研究之中，以加快快速原型技术的发展完善，同时也尽可能地降低成本，提高成型精度和缩短成型时间。

5.1.3.3　成型精度的提高

±0.1mm 的精度是目前成型技术能够达到的水平。以后研究的重点方向也是精度问题。目前在提高精度方面有以下几点措施：

(1)研制直接对三维模型进行切片的软件，一旦研制成功模型将不再进行 STL 格式的转换，这样就可以减少在三角形近似化过程中产生的误差。研究能够根据成型零件表面的曲率和斜率来对切片厚度进行自动调整的自适应切片软件，以提高光滑表面的质量。

(2)加强新型材料、新型工艺方法以及成型件表面处理方法的研究，减小在成型过程中之间的翘曲变形，使成型后的零件能够长期地保持稳定不变形。

5.1.3.4　多种材料的使用

纸、塑料、树脂等是在大部分快速原型系统刚开始时使用的材料。但是这些材料在实际应用中不能直接使用，因为用它们制作的材料的原型性能与实际中使用的材料的性能相差较大。目前，人们已经开发出机械性能与热力学性能更加优良的材料，并且推出了新的快速原型系统直接对金属和陶瓷进行成型。同时这种成型技术还可以应用在某些特殊材料零件的制造中，使用普通的制造方法是很难制造出这些特殊零件的，这就充分发挥了 RP 技术的优势。当然，这种技术也存在着一定的缺陷，如精度、后处理以及生产成本高等，因此它的普遍应用还是较难实现。目前，多种复合材料是快速原型技术主要的发展方向，例如多种材料的一次性制出复杂形状的零件以及可以不经装备、一次成型的器件等。

5.1.3.5　相关工艺技术的不断成熟

精密成型技术和激光焊接与切割技术是支持快速原型制造的重要技术。精密成型技术是指零件成型后，仅需少量加工或不需加工，就可作机械构件的成型技术，它是一类先进制造技术。这种技术在许多领域都得到了研究和发展，如铸造、塑性加工、连接、热处理和粉末冶金等；在精密塑性成型技术方面，重点发展了热锻、成型轧制、冷精压、超塑成型和精冲技术；在(近)净成型铸造技术方面，发展了熔模铸造、消失模铸造(EPC)、涂层转移铸造和陶瓷型铸造等；在热处理及表面改性方面，可控气氛热处理、真空热处理、低温化学热处理和激光表面合金化等实际应用已经被掌握和推广；在激光连接与切割技术方面，电子焊接、水下焊接与切割机逆变焊接电源等是重点的发展方向；在焊接和切割时，由于在使用激光时的诸多优点，如能量集中，可以将能量传递到任意指定位置、机器人握持灵活等，使其在这些年里得到了快速发展，被广泛应用，并且在激光使用的过程中可以实时地对它的相关参数进行控制。

建立在数字技术、快速原型技术、(近)净成型技术、激光技术和机器人技术以及它们之间的有机结合基础上的技术在市场快速多变、产品生产周期大幅缩短的背景下，逐渐成为模具行业的新型技术，并且具有了一定的生产能力。

5.1.4 快速原型技术市场及学术领域

虽然快速原型技术在社会上出现的时间不长，但是却迅速地被工业界重视和应用。例如 RP 技术已经应用于美国 Ford 公司和 Dupont 公司的生产线上，也被 Pratt&Whitney 公司用来制造铸造熔模。美国的 RP 系统在全球中占据着主导地位，生产 RP 设备系统的公司主要有 Systems(SLA 等)、Stratasys(FDM)、Sanders(3D Plotting System)、Helisys(LOM)、Aeroflex(SLA)、DTM(SLS)等。欧洲和日本等国家也在积极地进行 RP 技术、设备研制等方面的工作，如德国的 EOS 公司、以色列的 Cubital 公司以及日本的 CMET 公司等。在国内也有许多公司推出了自己的快速原型制造设备，如北京隆源公司、上海联泰公司、陕西恒通智能机器有限公司、武汉滨湖机电产业有限公司等。

国外高校中研究 RP 模型材料的有美国 Dayton 大学、Michigan 大学、Virginia 技术大学。此外，Virginia 大学、Clemson 大学、Georgia 大学及英国 Nottingham 大学快速原型与制造中心等单位也从事 RP 技术研究与服务方面的工作。美国麻省理工学院(MIT)、Stanford 大学、Texas 大学及 Utah 大学等，主要对 RP 设备系统放进进行开发研究。除此之外，加拿大 Calgary 大学、荷兰 Delft 技术大学、芬兰 Helsinki 技术大学、德国 Stuttgart 大学等也从事 RP 方面的研究。美国 Virginia 技术大学、Milwaukee 工程大学、Georgia 技术大学及 Dayton 大学等已开设了有关 RP&M 方面的课程。我国也有许多高校也致力于这方面的研究，例如华中科技大学、西安交通大学、清华大学、香港大学以及中北大学等，研制出的 RP&M 设备取得了很好的成果，已经开始商品化或正在商品化。

这些年出现了许多有关 RP 方面的书籍、杂志和国际会议，例如，Burns、Johnson、Jacobs、Wood 和 Binstock 等分别发表了有关 RP 方面的著作或书籍。最近几年在有关 RP 方面出版的学术刊物有 *Rapid Prototyping*(季刊)、*Rapid Prototyping Journal*(季刊)、*Rapid Prototyping Report*(月刊)以及 *Virtual Prototyping Journal* 等。学术会议主要有全美快速原型制造会议、欧洲快速原型与制造技术会议、国际制造过程自动化会议及国际快速原型与制造会议等。快速原型与制造技术迅速在工业界和学术界占据了十分重要的地位。

RP 材料及相关软件在快速原型系统研发质量的提高和应用领域的扩大影响下，也得到了飞速的发展。

成型材料对原型的成型速度、精度和物理化学性能都有影响，并且对原型的二次应用和用户对成型工艺设备的选择都有直接的影响，因为它是 RP 技术发展的关键因素。新材料的应用常常促使新型公司技术的产生，目前已经应用的成型材料的种类已相当丰富。

由于成型材料在快速原型技术中有着重要的位置，所以几乎全部的快速原型的制造商都在研究成型材料，并且也出现了许多像气巴、杜邦等这样的专门公司对成型材料进行研究开发并提供相应的快速原型制作与应用。

作为 RP 系统重要组成的软件，最重要的是 CAD 到 RP 借口的数据转换和处理软件。人们在 RP 刚开始时，主要注重的还是在工艺方面，但是随着应用的不断深入，限制应用发展的主要矛盾集中在了软件处理的精度和速度以及软件对复杂模型的处理能力。国外的 RP 公司和研究机构都在这方面投入了大量的人力和资金，其重要性显而易见。

国外的各大 RP 系统生产商一般都开发自己的数据变换接口软件，如 3D Systems 公司的 ACES、QuickCast，Helisys 公司的 LOMSlice，DTM 公司的 Rapid Tool，Stratasys 公司的 QuickSlice、SupprtWorks、AutoGen，Cubital 公司的 SoliderDFE，Sander 公司的 ProtoBuild 和 ProtoSupport 等。

因为在开发 CAD 系统与 RP 系统的数据变换接口软件时存在相当大的困难和相对的独立性，因此，在国外出现了许多第三方软件来作为 CAD 与 RP 系统之间的衔接，如比利时 Materialise 公司的 Magics、美国 Solid Concept 公司的 SolidView、美国 POGO 公司的 STL Manager 等，这些软件一般都以常用的数据文件格式作为输入输出接口。

5.1.5　快速原型制造技术与相关学科之间的关系

许多学科与快速原型技术之间有着紧密的关系，它是多个学科技术的集成。它的出现是这些学科之间相互协调发展的成果，也为这些学科的进一步发展提供了新的发展方向。

5.1.5.1　数控技术之间的关系

数控技术在快速原型技术与实用之间架起了一座桥梁，同时数控技术中新的研究课题在快速原型技术的推动下不断被发现。不同的工艺方法在数控系统中需要的参数也不相同，因此需要将可变的参数引入数控系统中。例如，在掩膜光刻中，每次只加工一层的控制方式为简单的一轴控制；而在数控系统中，采用逐层扫描工艺则需要二轴连动，也就是加工仅在 $X-Y$ 平面内进行，Z 轴只是在完成 $X-Y$ 平面内的加工后进行规律的高度调整；在数控系统中采用数码累积的方式，则需要三轴连动或二轴半连动。

数控技术在快速原型制造技术中的应用有控制运动方式和对加工参数的控制。对加工参数的控制主要是实时的补偿控制，主要包括激光光学参数、几何参数、温度补偿、功率控制和材料进给等。这主要是为了高质量的薄层的制造。快速原型制造与切削加工数控技术相比，需要的扫描速度较快，负荷小、定位精度高。因此，数控技术与快速原型制造技术之间的联系是显而易见的。

5.1.5.2 与CAD/CAM技术之间的关系

快速原型制造技术需要以CAD/CAM技术为基础。开始时，人们对新产品的开发沿用的工艺路线是构思→绘图设计→制造原型→模具加工→零件生产。由于是在设计过程结束后才进行原型制造，因此原型的缺陷或者不足之处很难在设计的早期阶段被发现。这些缺陷只有在重读产品设计的过程中才能进行弥补，这不但使产品的开发周期变长，而且也使生产成本增加。

利用CAD/CAM技术，设计者可以对数据进行方便的显示和修改，得到的数据不仅完整性好，可以重复利用，而且还可以对其进行修改和进一步的处理。CAD/CAM技术在快速原型技术发展的推动下也得到了发展，如分层软件、数据交换STL文件等的开发。CAD/CAM的几何图形实体化不仅是在快速原型制造技术的影响下实现的，也是CAD/CAM技术发展的结果。

5.1.5.3 与材料科学与工程之间的关系

材料是快速原型制造技术的重要部分。成型工艺是否可行，材料是前提，原型的质量与应用都与材料的性质息息相关。例如，光固化快速原型工艺需要采用感光灵敏度高并具有确定感光波段的特种光敏树脂，这样固化后就能适用各种不同用途。层和实体制造工艺需要采用较厚的纸张，并在纸张上涂上一层较薄的黏结剂，同时要求纸和胶在切割时不发生炭化。此时，原型的加工质量和使用性能基本上由黏结剂的性质决定。

有许多种的材料都可以应用在快速原型制造中。在快速原型制造技术中对材料的研究一直是一个热门且难度很高的课题。随着材料科学与工程的快速发展，出现的新材料将会大大影响到快速原型技术的发展。同时，快速原型技术又反过来向材料科学与工程提出新的要求，这又对材料设计、制造技术的发展起到了促进作用。开发出可以直接制成所需要的性能的实用零部件一直是材料科学研究的最终目标。

5.1.5.4 与加工能源技术之间的关系

以激光为主，采用多种形式的能源是成型过程中快速原型制造技术采用的能源形式。一类是基于激光能量的固化、切割或熔化的方法，另一类是非激光能量堆积成型的方法。在选择能源时，一定要结合使用的原材料进行综合考虑。如果制造系统是以激光为能源，就必须要对激光束的各种因素进行考虑，如激光束的直径、聚焦、散焦等。

相对来说，发展较早，较完善应用也较多的工艺是以激光作为能源。激光特别适合作为快速原型制造技术能源，主要是因为激光具有许多的优点，如能量集中、易于控制、光斑小、波长恒定等。快速原型制造技术的产生与激光技术的发展密不可分。在快速原型制造技术中从几十毫瓦的 He−Cd 激光器到上千瓦的 CO_2 激光器、氖离子激光器等都有应用。

5.1.5.5 与其他相关学科之间的关系

除上述学科外，快速原型技术还与其他一些学科之间有着密切联系，如机械工程、电子与信息技术、检测技术等。机械工程为快速原型制造技术奠定了工艺基础，并在理论上为原型的设计提供指导。快速制模（RT）和快速制造（RM）在快速原型制造技术的推动下快速发展起来。在原型制造过程中必不可少的是，检测技术利用反馈加工信息对成型的质量进行了解，然后通过这些信息确定补偿的相关措施。各个子系统之间的相互协调并集中在一起则主要是依靠电子与信息技术。同时也应该对快速原型技术与特种加工方法（电铸、电弧喷涂、等离子熔射成型、精密铸造、电火花等）的组合工艺技术进行积极地探索，以寻找新的能够快速制造特殊性能材料零件、金属、非金属零件及合金模具的新技术。

5.1.6 快速原型技术的特征

RP 技术是各种科学技术（CAD 技术、数控技术、激光技术、材料科学技术等）的高度集成。离散/堆积指导成型技术。计算机和数控为控制基础，目标为最大的柔性。具体分析为：零件的曲面和实体造型在 CAD 技术支持下即可实现，并且还能实现精确的计算和复杂的数据交换；运动、能量传输及材料转移的精确控制，在数控技术的使用下便可实现；切割、烧结、聚合反应是在激光具有的极高能量密度和极小光斑直径的特性下实现的；光敏材料、热敏材料等满足各种性能要求的材料都是由材料科学提供的。除此之外，RP 技术还有其他一些优点：

（1）高度柔性。任意复杂形状的零件只需在计算机的管理和控制之下就能够制造，取消了专用工具。

（2）设计制造一体化。传统 CAD、CAM 技术中成型思想的局限性由于离散/堆积分层制造工艺在 RP 技术中的应用得以克服，进而实现了 CAD/CAM 的一体化。

（3）快速性。在时间上与传统成型方法相比，要快得多。RP 技术只需几小时到几十小时就可以完成从 CAD 设计到原型加工的过程，这个对新产品的开发和管理十分有利。

（4）自由成型制造（FFF）。自由成型制造的思想正是 RP 技术的这一特点的出发点。可以从两个方面对自由的含义进行理解：一方面是指在没有任何工具的限制下，自由行成零件的形状；另一方面是指在成型制造过程中不受零件任何复杂程度的限制。

（5）材料的广泛性。根据不同的 RP 工艺的成型方式，选用的材料也是不同的，例如在快速原型领域中已经得到很好应用的材料有金属、纸、塑料、光敏树脂、蜡、陶瓷灯。

与传统的加工技术相比，RP 技术的优势有以下几个方面：

(1)在设计方面，RP 技术不用考虑毛坯形状、工装卡具、时间和成本的限制，并可以设计制造出任意形状负载的三维几何实体；不仅减少了零件数量，刀具的加工能力不对其构成限制，同时也减少了精度、装配的时间。

(2)在制造方面，成型过程由 CAD 模型直接驱动，不需要或较少的人工干预；无须专用夹具或工具的通用成型设备；不仅浪费的材料量少，而且原材料的储存运输费用也降低了；参数化设计、参数化制造的应用使零件的一致性较好。

(3)在市场和用户方面，采用 RP 技术可以避免在传统方法中由于中间加工制造环节和设计失误造成的损失，并能够及时地根据市场需求改变产品，从而降低成本、减少风险。生产产品种类繁多，可以进行订单生产。

5.2 快速原型技术工艺方法

5.2.1 快速原型技术的过程

快速原型制造技术的基本过程如图 5-1 所示。

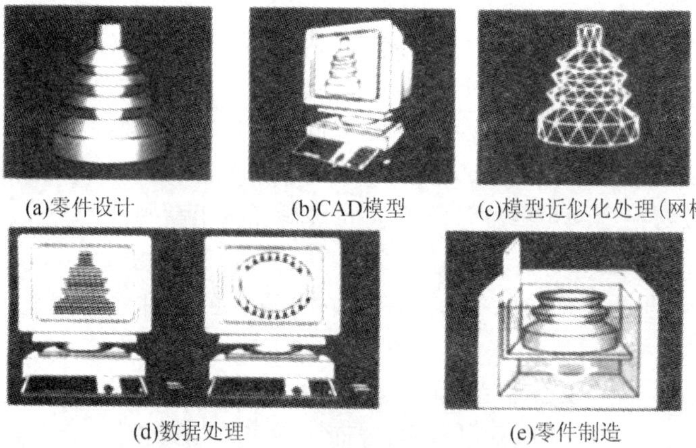

(a)零件设计　(b)CAD模型　(c)模型近似化处理(网格化)

(d)数据处理　(e)零件制造

图 5-1　快速原型制造技术的基本过程

相关分析过程如下所示：

(1)产品的 CAD 建型。根据要求，应用三维 CAD 软件设计产品的三维模型，同时产品三维模型还可以通过逆向工程技术来得到。

(2)三维模型的近似处理。产品的近似模型是通过一系列的小三角形来逼近模型上的不规则曲面得到的。

(3)分层处理即三维模型的 Z 向离散化。沿着高度方向将近似模型分成具有一定厚度的一系列的薄片，对层片的轮廓信息进行提取。

(4)层片信息处理后，就会生成数控代码。具体为分析层片的相关几何信息，生成层片加工时需要的数控代码，生成的数控代码可以对成型机的加工运动进行控制。

(5)逐层堆积制造。在计算机的控制下，根据生成的数控指令，在 $X-Y$ 平面，RP 系统的成型头(如激光扫描头或喷头)将按照截面轮廓进行扫描，将液态树脂(或切割纸、烧结粉末材料、喷射热熔材料)进行固化，这样就堆积出当前的一个层皮，同时将已加工好的零件部分与当前层进行黏合。然后，将成型机的工作台面下降一个层厚的距离，堆积新的一层。将上述过程不断重复直到将整个零件加工完毕。

(6)后处理。要想达到要求，需要对完成的原型进行深度固化、去除支撑、修磨、着色等处理。

图 5-2 为快速原型技术的工艺流程。

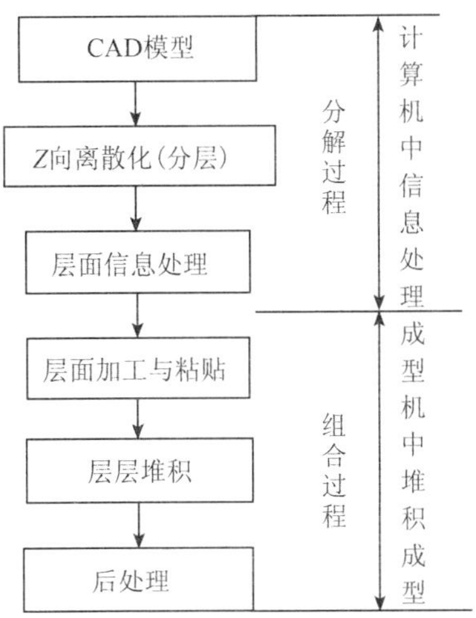

图 5-2　快速原型技术的工艺流程

5.2.2　快速原型技术的工艺方法

5.2.2.1　光固化快速原型技术

光固化原型制造工艺(Stereo Lithography，SL 或 Stereo Lithography Apparatus，SLA)，又被称作立体光刻成型。Charles W. Hull 于 1984 年在美国将这项工艺申请了专利，这是最早发展的快速原型技术。美国 3D Systems 公司在 1988 年推出了 SLA－250(见图 5-3)商品化快速原型机，自此开始 SLA 成为世界上技术最成熟、研究最深入、应用最广泛的一项快速原型工艺方法。SLA 的原料为光敏树脂，原型工艺是利用计算机控制紫外激光来实现逐层凝固。这种制造原型的方法方便快捷，是全自动化过程，并且制造出的原型表面质量和尺寸精度较高、几何形状也较复杂。

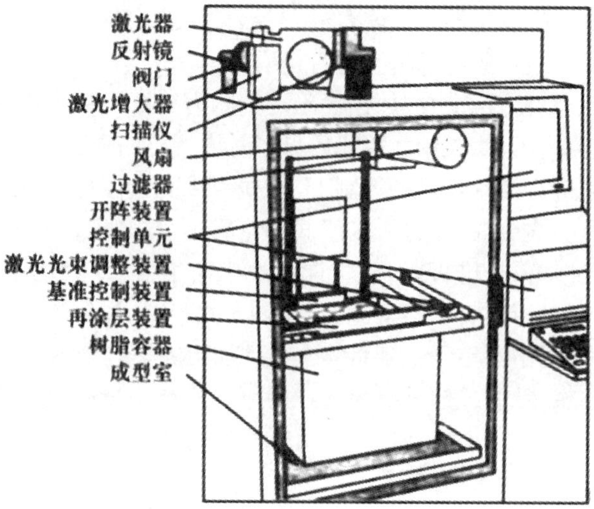

图 5-3 立体光刻机 SLA－250

1)光固化快速原型技术的优点

光固化技术是被大量实践证明的一种高效的高精度的快速加工技术，它制作的原型可以达到机磨加工的表面效果，具有需要的优点如下：

(1)高度的自动化成型过程。SLA 具有非常稳定的系统，原型过程在加工开始后就能够实现完全自动化，直到原型制作完成。

(2)尺寸精度高。SLA 原型的尺寸精度可以达到±0.1mm。

(3)表面质量高。虽然在每层固化时，侧面和曲面可能会有台阶出现，但是在上面仍然可以得到玻璃状的效果。

(4)可以直接制作面向熔模精密铸造的具有中空结构的消失型。

(5)能够制作结构很复杂的模型。特别是对于那些内部结构极其复杂、一般切削道具很难进入的模型，都能方便快捷地一次成型。

(6)在一定程度上，制作的原型可以代替塑料件。

2)光固化快速原型技术的缺点

与其他几种快速原型方法相比，光固化快速原型技术的缺点如下：

(1)在原型的过程中会发生一些物理变化和化学变化，这些变化导致制件容易发生弯曲，因此需要一些支撑，如果没有支撑得到的制件会发生变形。

(2)与常用的工业塑料相比，固化后的液态树脂性能较脆、容易断裂，不如常用的工业塑料，不适合机加工。

(3)较高的设备运转及维护成本。一方面是激光器和液态树脂的价格都比较高；另一方面是需要定期地对光学元件进行调整，以保证其能处于相对理想的工作状态。

(4)能够利用的材料不多。当前主要使用的材料是感光性的液态树脂，并且其抗力和热量的测试在大多数情况下是不能进行的。

(5)液态树脂材料具有一定的气味和毒性，并且为了避免聚合反应的发生，在储存时应该避光保存，选择性受限。

(6)可能需要二次固化。经过快速原型光固化后的原型树脂在许多情况下是没有被激光完全固化的，因此需要进行二次固化以提高模型的使用性能。

3)光固化快速原型系统组成

构成光固化系统的主要有激光器、激光束扫描装置、光敏树脂、液槽、升降台和控制系统等。

(1)激光器。大部分使用的是紫外光式激光器。用于成型系统的激光器主要有两种：一种是氦一镉(He－Cd)激光器，它是一种低功率激光，其工作物质为氦气和镉蒸气的复合气体，在镉的电离化过程中，中性氦原子和镉原子被激活，生成可见和紫外激光射线，激光器的寿命为 2 000h 左右，输出波长为 325nm，功率为 15～50mW；另一种是氩离子(Ar^{+})激光器，这是另外一种低功率激光光源，其工作物质为氩气，输出波长为 351~365nm，输出功率为 15～50mW，这种激光是在双重电离化氩气状态下得到的。激光束光斑直径一般为 0.05～3.00nm，激光位置精度可达 0.008nm，重复精度可达 0.13mm。

(2)激光束扫描装置。有两种数字控制的激光束扫描装置：一种是扫描速度达到 15m/s 的电流计驱动式的扫描镜方式，这种方式多用于尺寸较小的原型件的制造；另一种是 $X-Y$ 绘图仪方式，在激光扫描的整个过程中，激光束与树脂表面垂直，一般用于大尺寸原型件的制造。

(3)光敏树脂。液态光敏树脂是 SLA 工艺使用的成型材料，常用的有环氧树脂、乙烯酸树脂、丙烯酸树脂等。SLA 工艺用的树脂要求为：一定频率的单色光的照射下能够迅速固化；较大的固化穿透度；较小的临界曝光。为了有较高的原型精度需要做到：①固化树脂的收缩率要小；②固化后的原型有足够的强度和良好的表面粗糙度；③成型时的毒性比较小。

低聚物、反应性稀释剂及光引发剂是光敏树脂材料的主要组成部分。光敏树脂根据引发机理的不同可以分为自由基型光敏树脂、阳离子型光敏树脂和混杂型光敏树脂三种。

自由基型光敏树脂是最早应用于 SLA 的树脂，这种树脂的优点是具有很高的光响应性，黏度低，成本不高，基本满足快速原型的要求。其缺点是由于表层氧的阻聚作用，使得成型精度较低，同时该类树脂收缩较大(约 8%)，成型零件翘曲变形较大，尤其对于具有大平面结构的工件，制作精度不是很高。自由基型光敏树脂主要有三类：第一类为环氧树脂丙烯酸酯，该类材料聚合快、原型强度高，但脆性大且易泛黄；第二类为聚酯丙烯酸酯，该类材料流平性和固化好，性能可调节；第三类材料为聚氨酯丙烯酸酯，该类材料生成的原型柔顺性和耐磨性好，但聚合速度慢。

阳离子型光敏树脂属于第二代树脂，其优点是收缩小、黏度极低、不受氧阻聚。但其缺点是容易受碱和湿气的影响，且固化速度较丙烯酸酯慢得多。阳离子型光敏树脂的主要成分为环氧化合物。用于 SLA 工艺的阳离子型低聚物和活性稀释剂通常为环氧树脂和乙烯基醚。

由于以上两类树脂各有优缺点，因此出现了集自由基和阳离子树脂各自优点的混杂型光敏树脂，它比前两种更为优越，目前正被越来越多地使用。

(4)液槽。一般使用不锈钢制作用来盛装液态光敏材料的液槽，成型系统设计的最大尺寸原型件或零件决定了液槽的尺寸大小。步进电动机控制升降工作台，最小步距在0.02mm以下，工作范围在225nm范围内的位置精度为±0.05mm。新一层的光敏树脂在刮平器的保护下能够在已固化层上迅速且很均匀地涂覆，同时还能保证每一层厚度的一致性，得到的原型件的精度也较高。

(5)控制系统。工控机、分层处理软件和控制软件是控制系统的主要组成部分。控制软件主要用来控制激光能光束反射镜扫描驱动器、$X-Y$扫描系统、工作台Z方向上下移动和刮刀的往复移动等。

4)光固化快速原型工艺过程

模型设计、切片、数据准备、生成模型和后固化等是光固化快速原型的主要工艺步骤。在应用时，在任何一步出现问题时都可以进行终止操作，然后返回到上一步骤，重新进行操作。详细步骤如下：

(1)模型设计。第一步是在三维CAD系统中完成原型的设计。设计的三维CAD图形是实体模型或表面模型，并且设计的模型的壁厚及其内部描述功能必须是完整的。第二步是CAD模型的定向，定向后就可以方便地在空间构造物体。切片计算机的输入文件必须是光固化快速原型所要求的标准文件(STL文件)格式，因此必须对CAD确定存储的文件进行格式转换。

在模型设计完成后，根据模型的摆放方向和位置设计支撑。在造型过程中，液体树脂的体积在固化成型后将会变小，进而产生内应力。由于逐层造型是从底部开始，所以硬化的光敏树脂第一个切片层将与升降工作台连接。因为片层漂移或收缩变形会对所制成的模型和工作台表面造成损坏，因此需要为模型中的悬垂部分和较大的悬臂及梁设计连接或者支撑结构。模型的方向和位置摆放地合适可以减少支撑的结构。需要在计算机上单独完成模型支撑结构。

(2)模型切片和数据准备。在完成原型的设计后，CAD模型首先需要转换成STL格式文件，然后在光固化成型系统的数据处理计算机中将格式转换后的数据传入。利用分层软件进行参数选择，对模型进行分层，得到每一薄片层的平面图形及其有关的网格矢量数据，用于对激光束扫描轨迹进行控制。在这个过程中还存在其他一些参数的选择，如切片层厚度、建造模式、固化深度、扫描速度、网格间距、线宽补偿值和收缩补偿因子等。造型时间和模型精度受分层参数的影响较大，因此常需要经过试验对二者进行权衡。

(3)三维实体建造。该阶段是指光敏树脂开始聚合、固化到一个原型完成的生成过程。首先将一个可以上下移动的平台置于容器内所盛装的液态光敏树脂的液面下，调整激光成型机的数控计算机，控制原型生成平台上有一定厚度的光敏树脂，此厚度即相当于切片层的厚度。数控计算机按照分层参数指令迅速驱动扫描镜使激光束沿着 X 和 Y 方向运动，在第一层光敏树脂上不断启停的激光束会进行有选择地扫描。在激光能量的作用下，光敏树脂被激光焦点扫描过的地方都会迅速固化，就会形成制件的底层，附着在基底层上。让后平台下降一个切片厚度的高度，此时在刚刚固化的层片上(包括没有被扫描到的、仍是液态的数值)将会迅速覆盖一层液态光敏树脂。激光束将按照新一层的平面形状数据所给定的轨迹进行再扫描，对第二层数值进行固化，同时第二层与第一层黏结在一起。不断重复这个过程直到完成整个原型。

(4)后固化及处理过程。在激光原型系统中，完成原型生成后，通过升降台将工作台从容器中升起，去除模型并清洗完成后再对其进行检验与后处理。这时候在原型中往往还会有没有固化的树脂存在，这就需要对其进行强紫外光照射，使其完全固化。多余的液态树脂会在清洗的过程中被除去。为了满足所需要的机械性能，需要将清洗后的原型放到后固化装置的转盘上进行完全固化。这是快速回化尺寸较大的原型的一种很有效果的方式。除此之外，因为原型的硬化是一步一步地进行，因此每层之间一定会产生台阶，需要将台阶除掉。原型的支撑在造型完成后也要一并去除掉，以达到修整的目的。具有高要求的原型需要最后再进行喷砂处理。

5.2.2.2　叠层实体快速原型技术

叠层实体快速原型(LOM)技术又称层合实体制造或分层实体制造等。叠层实体制造工艺方法由 Michael Feygin 在 1984 年提出，并且 Michael Feygin 于 1985 年在美国加州托兰斯组建了 Helisys 公司，世界上第一台商业机型 LOM—1015 便是由 Helisys 公司在 1990 年开发的。这种工艺大多采用纸作为原料(故也将其称为纸片叠层法)，成本较低，并且激光只是对每一层片的轮廓进行切割，所以原型效率很高，同时在制作较大原型时有很大的优势，因此这些年来它的发展十分迅速。

1)叠层实体快速原型技术特点

(1)生产速度快。LOM 技术不需要对全部的截面进行了解，仅在片材上切割出零件截面的形状即可，所以相比于另外一些 RP 工艺，LOM 工艺的原型效率更高，尤其适用于大型实体原型件的制造。

(2)零件的质量精确度好。LOM 技术使用时不会出现材料的相改变，所以不容易导致工件卷曲等形状的改变，零件的质量精度较好，比 0.15mm 小。

(3)不需设计及制造支撑结构。在工件外框和截面轮廓中间的剩余的材料在加工中就能够作为支撑，因此不需要额外进行支撑的制造。

(4)后处理工艺比较方便。原型后废料除去较方便，不需要进行随后的固化处理。

(5)原型的制造花费较少。LOM 工艺一般采用塑料薄膜和纸作为原材料，而使用它们的花费相对较低。

(6)制件可以接受 200℃高的温度，硬度和力学性能良好，能够对材料进行切削加工。

然而 LOM 技术的缺点也很明显，如薄壁件等工件弹性和抗拉强度比较低。工件吸湿后会膨胀,所以成型后需要马上对工件进行防潮的处理。

2)叠层实体快速原型系统组成

为了说明其系统组成,下面将以国产 SSM－800 叠层实体制造设备为例来进行说明。SSM－80 叠层设备由清华大学企业集团下属的高科技企业生产,其设备构造如图 5-4所示,主要由工控机(Pentium586)及控制系统、热压系统、卷筒材料送放装置、激光切割系统、机床本体、可升降工作台等组成。

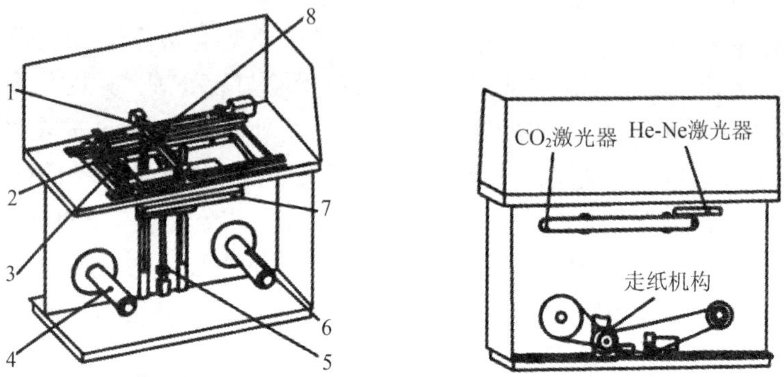

(a)前面部分　　(b)背后部分

图 5-4　SSM－800 **型** LOM **设备**

1—X、Y 轴;2—热压系统;3—测高装置;4—收纸辊;5—Z 轴;
6—送纸辊;7—工作平台;8—激光头

(1)工控机。其主要用来接收和存储工件的三维模型,并对模型进行分层处理,同时发出控制指令。

(2)卷筒材料送放装置。其主要用来将储存在里面的材料逐步地送到工作台 7 的上方,然后将一层一层的材料通过热压系统 2 黏结在一起。

(3)激光切割系统。通常是根据电脑获得的截面轮廓,一步一步在材料上切割得出轮廓线,同时没有轮廓的区域将被切割成小方网格。根据原型件形状的复杂程度来确定网格的大小。一般情况下,网格越小,废料越容易剔除,但是将会花费较长的成型时间。

(4)可升级工作台。工作台可沿 5 升降,工作台在每层原型后就会降低一个材料厚度,这样便于新一层材料的送进、黏结和切割。

3)叠层实体快速原型工艺过程

叠层实体制造工艺过程与其他快速原型工艺方法一样,大致分成三个主要阶段,分别为前处理、叠层和后处理。为具体阐述叠层实体制造技术的工程,下面将以某电器上壳的原型制作为例来进行说明。

(1)基底制作。进行叠层的制造时,一般要通过工作台(或升降台)对高频的起降进行控制,因此想要使工作台和原型中间产生连接,一般必须要制作一个 3～5 层的基底。

(2)原型制作。将所有参数设定后,所有叠层的制作过程将在设定好工艺参数的设备下自动完成,

(3)去除余料。去除余料的内容主要是把原型加工时出现的废料、支撑结构和工件分开。去除余料需要极为精确的操作,有时也需要较长的时间。LOM原型的过程中不需要特制的支撑结构,但是需要在原型后将带有格状的废料进行剥离,一般是利用手工剥离。在整个原型过程中,余料去除占有很重要的位置,一般要求工作人员不但要熟悉原型,而且还要有一定的技巧,以保证原型的完整和美观。

(4)后置处理。想要让原型表面情况或者机械强度等方面全部符合最后的需要,确保它的尺寸的平稳性、精确度等方面的需求,要求采用后置处理的情形有:原型的便面质量精度差,如曲面上由于分层制作导致的小台阶,由于STL格式化而造成的小误差;原型的薄壁以及孤立的小柱、薄筋等某些小特征结构也许强度和刚度都不合乎要求;人们还可能对工件的抗湿性、抗温性、和表面硬度等方面不是太满意;工件表面的颜色可能与之前的成品要求不符合。一般所使用的后处理工艺有打磨、抛光、修补和表面涂覆等。

4)新型叠层实体快速原型工艺方法

针对叠层快速原型工艺方法的某些缺陷,提出了双层薄材的新型叠层实体制造工艺方法,并对这种工艺方法进行了研究与尝试。

Ennex公司提出了一种称为"Offset Fabrication"的新型叠层实体快速原型工艺方法。在这种方式中采用了两层结构的薄层材料,如图5-5(a)所示。上层的叠层材料用来制作原型料,下面的薄层材料用作衬材。在叠层之前两层材料就采取了轮廓切割,把叠层材料根据如今叠层的轮廓来切割,随后黏接堆积起来,如图5-5(b)所示。黏接之后叠层材料和衬层材料彼此分离,将叠层剩余的材料一起带走。但是只有在当前需要去除余料的面积小于叠层实体面积的情况下才可以使用这种叠层方法,不然,在前一叠层上还会有黏结的余料。例如,图5-6(a)为原型里灰色的叠层,按照图5-6(b)中进行轮廓切割,随后再根据图5-6(c)进行黏结,但是在衬层材料分离时,并没有像计划[见图5-6(d)]一样将剩余的材料带走,反而将全部的叠层材料都黏结在前面的叠层上,如图5-6(e)所示。

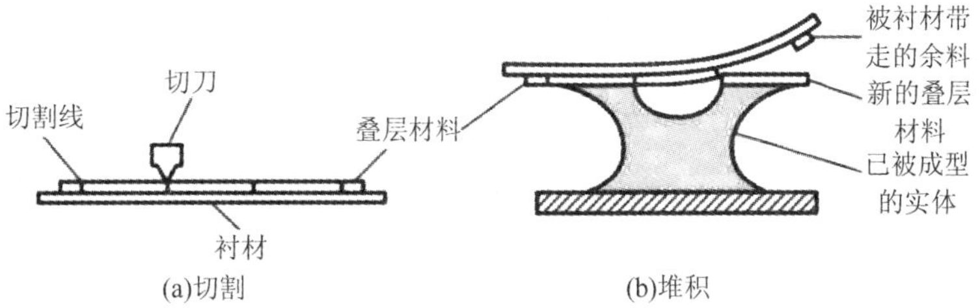

图5-5　"Offset Fabrication"叠层实体快速原型工艺方法原理

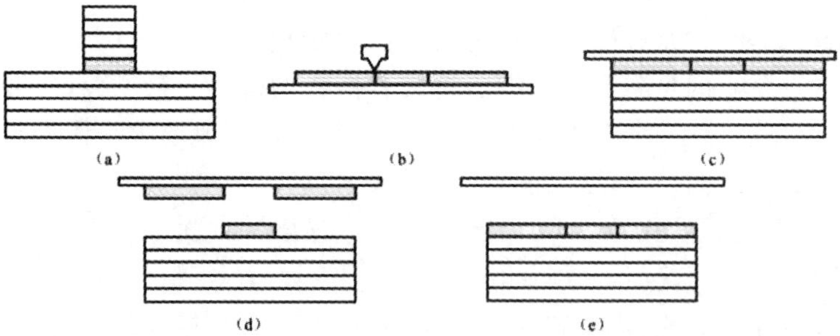

图 5-6 “Offset Fabrication”叠层实体快速原型工艺存在的问题

5.2.2.3 选择性激光烧结快速原型技术

选域激光烧结(SLS)指的是通过精准指示的激光束让材料粉末烧结或者熔融后经凝固形成三维原型或者制件。也就是成型机根据计算机输出的原理分层轮廓,使用激光在固定的路线上有选择性地进行扫描,同时熔融工作台上的材料粉末,粉末一般很薄并且较均匀。扫描范围内的粉末被激光束熔融后出现黏结,而其他的粉末还保持着原样。每层扫描之后,就会向上或者向下挪动工作台,然后完成其他层的烧结。每一层都完成烧结后,除掉剩余的粉末,再次进行打磨、烘干等处理就得到原型或零件。选域激光烧结技术具有效率高的优点。通常的制品只需要1～2 天就可以做完。

1)选择性激光烧结快速原型技术特点

(1)可供加工的材料种类多,能够将塑料零件、陶瓷、蜡等等材料加工成零件。尤其能够加工出马上使用的金属零件。

(2)SLS 工艺无须添加支撑,原因是粉末中没有烧结的部分就能够作为支撑来使用。

(3)原型件结构疏松多孔,其表面的粗糙度比较高,加工效率低,得到的部分零件没有其他方法制作出的质量好。必须对其进行后处理(如渗铜等),然而这会对成品的精度产生影响。

因为上述选择性激光烧结快速原型技术特点,SLS 一般用于铸造业,同时能够直接用来加工快速模具。

用 SLS 工艺加工的产品如图 5-7 所示。

图 5-7 SLS 工艺加工的产品

2)选择性激光烧结快速原型系统组成

以北京隆源自动原型系统有限公司研制的SLS快速原型设备AFS—300为例，其结构组成如图5-8所示。该设备由机械系统、光学系统和计算机控制系统组成。机械系统和光学系统在计算机控制系统的控制下协调工作，并自动完成制件的加工成型。

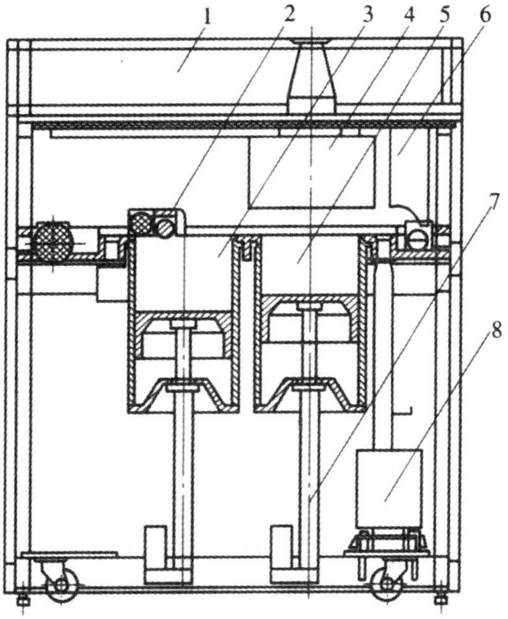

图5-8　AFS—300型选择性激光烧结主机结构

1—激光室；2—铺粉机构；3—供料缸；4—加热灯；5—原型料缸；
6—排尘装置；7—滚珠丝杆螺母机构；8—料粉回收箱

机械结构主要由机架、工作平台、铺粉机构、两个活塞缸、集料箱、加热灯和通风除尘装置组成。

选择性激光烧结机光路系统，如图5-9所示，一般由激光器、反射镜、扩束聚焦系统、扫描器、光束合成器、指示光源等部件构成。激光器一般采用CO_2激光器，其功率能够达到50W，扫描器包含彼此垂直的反射镜两个。振动电动机能够驱动反射镜，激光首先到达X镜上，在从X镜传递到Y镜上，然后通过Y镜转移到工件的表面，电动机使反射镜振动，并且激光束能够对场内进行扫描。

X镜和Y镜分别让光点在X方向和Y方向进行扫描，扫描角度经过计算机接口进行控制，能够让光点精准定位在每一个地方。扫描的光学角是40°，视场的范围大小依靠扫描的半径决定，光点的定位精度能够达到整个视场的1/65535。

由于加工用的激光束是不可见光，不便于调试和操作。用一个可见光束(指示光源)与激光束会并在一起，可在调试时清晰看见激光光路，以便各光学元件的定心和调整。

3)选择性激光烧结快速原型工艺过程

(1)原型参数选择。其主要是合理确定分层参数和原型烧结参数。分层处理过程中

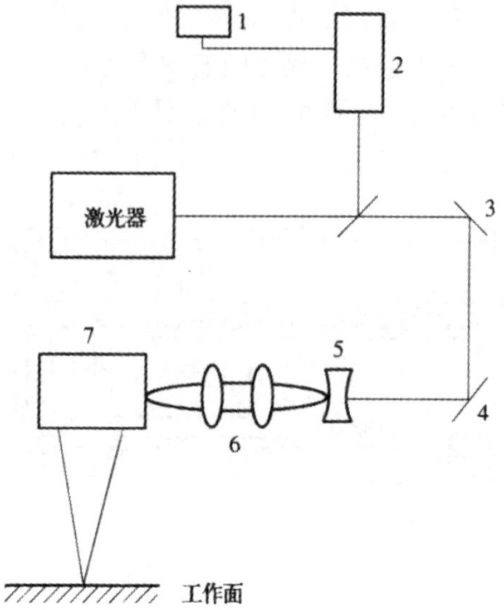

图 5-9　选择性激光烧结机光路系统

1—指示器;2—光束合成器;3,4—反射镜;5—扩束镜;6—聚焦镜;7—扫描器

需要控制的参数有加工方向、分层厚度、扫描间距和扫描方式。原型烧结参数包括扫描速度、激光功率、预热温度、铺粉参数等。

(2)原型制作。SLS 原型制作中无须加支撑,同为没有烧结的粉末起到了支撑的作用。原型后用铲等工具小心将制件从成型室取出。

SLS 原型从原型室取出后,用毛刷和专用工具将制件上多余的附粉去掉,进一步清理打磨之后,还需针对原型材料做进一步的处理。

(3)后处理。从成型室中拿出 SLS 原型,使用特制工具和毛刷把零件表面没用的附粉除去,再次打磨清理后,还要对原型材料进行后处理。对于刚刚原型的树脂原型,由于零件内存在大量孔隙,密度和强度较低,须作强化处理。即利用 SLS 烧结体的多孔质产生的虹吸效应,将液体可固化树脂浸渗到烧结零件中,让其保温、固化而得到增强的零件。对增强的零件进行打磨和抛光处理,即可得到最终零件;对于陶瓷原型,需将其放在加热炉中烧除黏结剂,烧结陶瓷粉;当原型材料为金属与黏结剂的混合粉时,由于黏结剂的熔化温度较低,成型中施加热能和激光能后,黏结剂熔化并渗入金属粉粒之间,使之成型。此后,需将原型的制件置于加热炉中,烧去其中的黏结剂,烧结金属粉,此时的原型件虽已原型,但内部结构疏松,还需在加热炉中进行渗铜处理,以得到高密度的金属件。

5.2.2.4　熔融沉积快速原型技术

容积原型(FDM)工艺是一类不依赖激光当作原型能源,而对不同丝材进行加热使其融化的原型方式。1988 年美国学者 Scott Crump 博士将其成功研制出来,1991 年美国的 Stratasys 公司最先开发出商品化机器 FDM－1000。之后,该公司又相继推出了 FDM－1650、FDM－2000、FDM－3000、FDM－8000 和 FDM Quantum 等型号。因为使用挤出头磁浮定位系统，能够在相同的期限内单独对两个挤出头进行控制，原型效率提升了 5 倍。近年来，美国 3D Systems 公司在熔融沉积原型技术的基础上开发了多喷头（MJM）技术，可使用多个喷头同时原型，大大提高了原型速度。

1）熔融沉积快速原型技术特点

FDM 快速原型技术的优势如下：

（1）制造系统能够在办公环境中使用，不会出现有毒气体或化学物质的威胁。

（2）过程简便、卫生、操作简单并且不出现废物。

（3）能够迅速生产瓶装和中空零件。

（4）原材料通过卷轴线的形式供给，方便进行运输和拆换。

（5）原料成本较低。

（6）能够选择的材料较多，如能够染色的 BS 和医用 ABS、浇铸用蜡和人造橡胶等。

FDM 快速原型技术的不足之处如下：

（1）精确度比较低，很难生产结构复杂的工件。

（2）竖直方向的强度比较小。

（3）效率较低，大型工件不适用。

FDM 工艺方法适用在工件的建模和测试阶段。因为甲基丙烯酸 ABS（MOBS）材料的化学稳定性特别好，能够使用伽马射线消毒，尤其适合医学上使用。

2）熔融沉积快速原型系统组成

图 5-10 是国产熔融沉积造型工艺设备，FDM 系统通常由喷头、送丝机构、运动机构、加热原型室、工作台等 5 个部分组成。

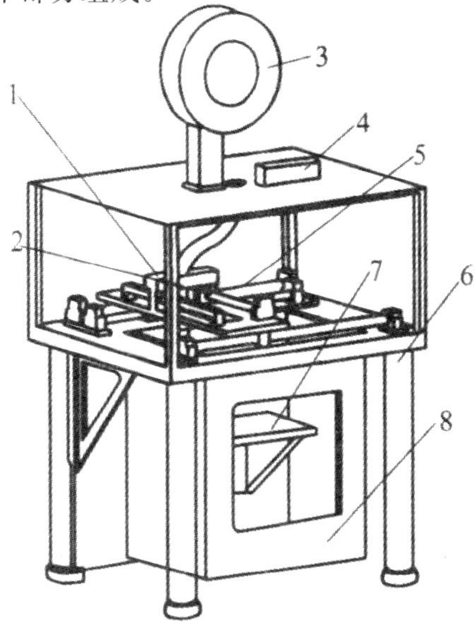

图 5-10　熔融沉积造型设备（MEM—250—Ⅱ）

1—加热喷头；2—X 扫描机构；3—丝盘；4—送丝机构；

5—Y 扫描机构；6—框架；7—工作平台；8—加热原型室

(1)喷头。喷头结构是十分复杂的。在喷头中材料被加热融化,喷头底部有个喷嘴使熔融的材料通过固定的压力挤压出,喷头顺着零件截面轮廓和填充轨迹运动时挤压出材料,和前面的黏结在一起在空气中快速地固化,这样多次进行就能够得到实际的零件。它的工艺过程能够了解到在制造悬臂件时需要添加支撑。支撑能够使用一样的材料来建造,只是需要一个喷头。如今国外通常使用两个喷头单独加热,一个用来喷模型材料进行零件的制造,另一个用来对支撑材料进行喷洒起支撑作用。这两种材料的特征有差异,支撑使用水溶性较低或者熔点较低的材料,制造完成后除去支撑没有什么困难。

(2)送丝结构。送丝结构的作用是给喷头喷洒原料,进丝需要稳定可靠。原料丝通常直径是1~2mm,但喷嘴直径只有0.2~0.3mm,这个保障了喷头内部的压力和熔融后的原材料可以以固定的速度(需要和喷头扫描速度相适应)被挤出成型。进丝结构和喷头一般使用推一拉结合在一起的方法,来保障进丝平稳可靠,降低断丝或积瘤的可能。

(3)运动机构。运动机构含有 X、Y、Z 三个轴的运动。$X-Y$ 轴的联动使得喷头对界面轮廓的平面扫描进行完整,Z 轴的作用是带动工作台使得高度方向能够进给。

(4)加热原型室。加热原型室用来为原型过程供给一个恒温的环境。熔融状态的丝基础成型后假如突然变冷,就会翘曲和开裂,合适的环境温度能够最大限度地降低这种缺陷,提升原型质量和精确度。

(5)工作台。工作台包括台面和泡沫板,每做完一层的成型,工作台就可以降低一层的高度。

3)熔融沉积快速原型工艺过程

以国产设备 MEM-300 为例,简要阐述 FDM 工艺的原型过程。

(1)三维模型设计及 STL 文件输出。

(2)使用软件进行分层处理。

(3)原型制作。

(4)原型后处理。

5.2.2.5 RP 各成型工艺比较

LOM 工艺的层面信息是由各层的轮廓来体现的,这些轮廓信息又可以控制激光扫描器,它使用的材料是片材,并且具有一定的厚度。此种加工的方法只是要对轮廓信息进行加工,因此加工速度很快。它的不足之处是材料范围较小,每层的厚度不能调节,各层的轮廓被激光切割后会产生燃烧的灰烬,并且会出现大量的烟雾。

SIS 工艺的材料是固体粉末状的,激光照射的过程中会对能量进行吸收,因此存在熔融固化现象。SIS 工艺使用的范围十分广泛,尤其擅长对金属和陶瓷进行原型加工,不足是原型得到的零件精度不是很好,表面粗糙度 Ra 较大。

SLA 的工艺在光照射的过程中会对液体材料(也称光敏材料)产生固化的作用。在电脑的控制下扫描器扫描光敏树脂液面时,区域扫描后就会出现聚合反应和固化,如此逐层加工就做完了对原型的制造。SLA 工艺采用的激光器的激光波长是有范围的。该工艺制作的零件具有很高的精度，并且表面比较光滑，但其不足是能够使用的材料较少，材料花费高，激光器价格较高，进而使得零件的制造成本比较多。

FDM 工艺不使用激光作为能源，其能源主要是电能，电能将塑料丝进行加热，让它在从喷头出来之前就处在熔融的状态，电脑控制喷头将熔融的塑料丝喷洒到工作台上，这样工件的完整的加工过程就进行完了。此方式的材料和能量传递都和前 3 种工艺有所不同，花费较低。它的不足之处是速度慢，时间长；适用范围受到限制；喷头孔径较小，所以质量精度比较低。

部分 RP 工艺特点见表 5-1。

表 5-1　几种典型的 RP 工艺优缺点比较

有关指标 / RP 快速原型	精度	表面质量	材料质量	材料利用率	运行成本	生产成本	设备费用	市场占有率/%
SLA	好	优	较贵	接近 100%	较高	高	较贵	70
SLS	一般	一般	较贵	接近 100%	较高	一般	较贵	10
LOM	般	较差	较便宜	较差	较低	高	较便宜	7
FDM	较差	较差	较贵	接近 100%	一般	较低	较便宜	6

5.3　快速原型技术应用

5.3.1　快速产品开发

图 5-11 为快速原型制造技术在快速产品开发（RPD）方面的应用。快速原型制造技术在产品开发的过程中具有十分重要的作用和意义，它不被别的复杂形状所限制，可以马上把在计算机改编成能够快速评价的实物。按照原型，能够检验设计是否正确、原型是否合理、产品的可装配性和干涉情况。假如对如模具一样的形状复杂但贵重的零件，只是按照 CAD 模型进行加工，而不经过原型阶段，通常会造成很大的风险，一般需要多次修改才能完工，这样不但浪费研发的时间，而且通常成本较高。经过检验原型能够把这种风险降低到合理的范围内。通常使用快速原型制造技术进行快速产品的开发能够节约 30%～70%的成本，节省一半的时间。

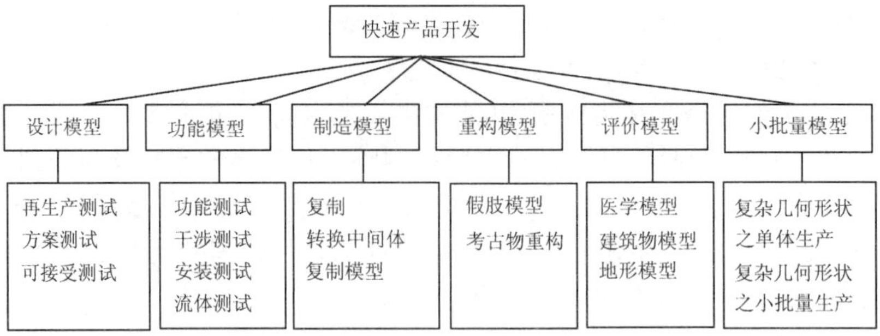

图 5-11　快速原型制造技术在快速产品开发方面的应用

5.3.2　模具制造

传统的模具制造过程集机械加工、数控加工、电加工、铸造等先进的制造工艺与设备和加工者高超的技艺于一身，生产出高精度、高寿命的模具，用于大批量生产各种各样的金属、塑料、橡胶、陶瓷、玻璃等制品，为社会创造出无限的财富。但是这样的模具生产方式周期长、成本高，不能适应新产品试制、小批量生产以及千变万化的消费市场和激烈的市场竞争。为适应这一要求发展起来的经济快速模具技术，采用陶瓷型精铸、熔模铸造、硅胶翻模、中低熔点合金浇注、电弧喷涂、电铸等工艺，在显著缩短周期和大大降低成本的前提下，可生产出满足使用要求和适应产品批量的模具。但因其工艺粗糙、精度低、寿命短，很难完全满足用户的要求，而应用 RPM 技术制造快速模具较好地解决了问题。采用基于 RPM 的快速模具技术，只需要之前加工方法大约 1/3 的时间就能完成从设计到制作的全过程，使得模具生产提升了质量、减少了研发时间、提升了制造的柔性。

在模具生产方面的 RPM 技术主要应用于 RP 原型间接快速制模和 RP 系统直接快速制模两个方面，具体来说是用来生产注塑类模具、冲压类模具和铸造类模具等。快速原型制造和精密铸造、中间软模过渡法以及金属喷涂、电火花加工、研磨等先进的模具制造技术结合和在一起就可以快速地制造出不同的型模具。

直接快速制模技术的制造环节简便，可以完美地体现出 RP 技术的优点，尤其是对于那些需要形状较复杂的内流冷却的模具，使用直接快速制模法具有无可取代的地位。然而，直接快速制模在模具精度和性能方面有限制，其后处理设备和工艺成本较高，模具的尺寸也不够灵活。相比之下，间接快速制模把 RP 技术和普通的模具翻制技术结合到一起，因为成熟的翻制技术是多种多样的，因此当使用需要不同时，可以采用不同复杂程度和花费的工艺，一是能够比较好地对模具的精度、表面质量、力学性能和使用寿命进行控制，二是能够更加节约成本。因此，现在工业上多采取间接快速制模技术。

图 5-12 为基于 RP 的快速制模技术的分类及应用。

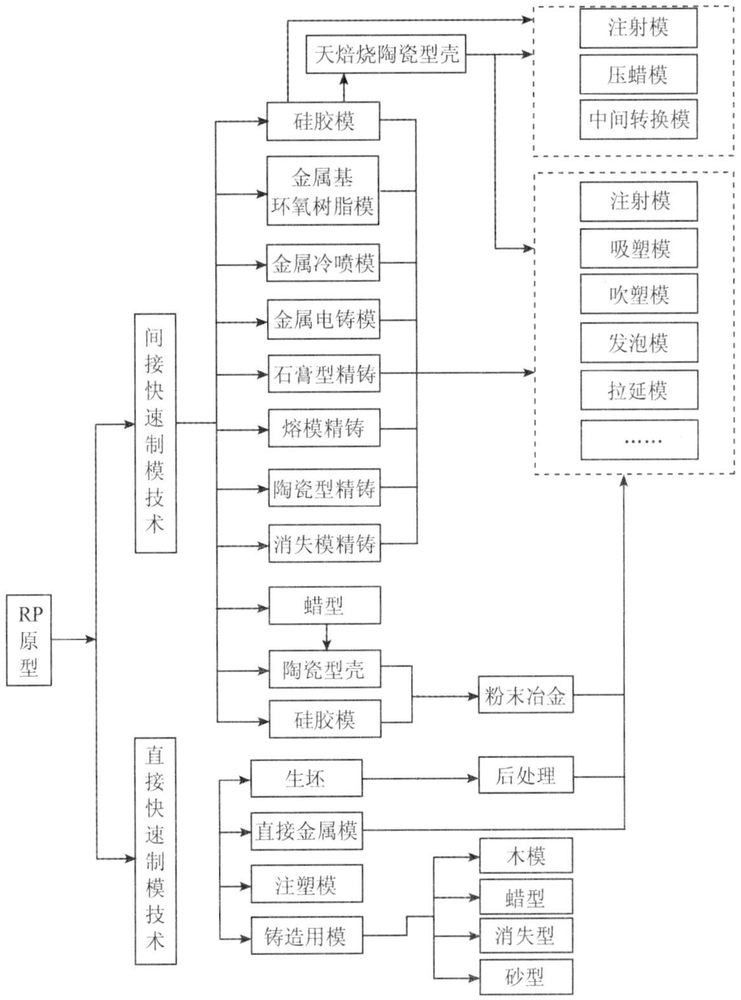

图 5-12　基于 RP 的快速模具技术的分类及应用

5.3.2.1　间接快速制模技术

间接快速制模技术(IRT)是把快速原型技术和之前的成型技术高效地结合在一起，达到模具的快速制造。

间接快速制模技术一般是以纸、ABS 工程塑料、蜡、尼龙、树脂等非金属型材料为根本。一般非金属材料不能直接成为模具，必须将 RP 原型当作母模，经过不同的工艺转换来得到金属模具。但是间接制模通常能够降低模具制造的成本和时间，显著地提升了生产效率。

间接制造的特征是把 RP 技术和之前的原型技术结合到一起，各自发挥它们的优点，如今已经成为应用创新的探究热门技术。

5.3.2.2 直接快速制模技术 DRT

在进行单件数量少的产品制造时，模具的花费占成本的比例比较大，修模又占了1/3，所以数量少的产品制造的花费比较多。可以有效节约成本的方法是使用快速原型直接对模具进行生产，能够在很短的时间内就完成十分复杂的零件模具的制造，并且复杂性越高就越能体会出优势。

直接快速制模技术(DRT)指的是使用RP技术直接生产出最后的零件或者模具，随后对它采取一定的后处理就能得到所需求的力学性能、精确度和表面质量。直接快速制模技术具有制造环节简便，速度快的优点，但也存在模具精度和控制等方面的不足。另外，成本高、成型尺寸不灵活也都是该技术的缺点。

5.3.3 医学应用

RP技术最早应用于航空、汽车、铸造、家电等领域，随后在医学领域也得到了广泛应用，同时医学应用也对RP技术提出了更高的要求。将高分辨率的医学图像数据(CT或MRI)通过专业软件处理，再导入快速原型机，便可制作出精确的人体器官模型(见图5-13)。这项技术可以在不经手术的条件下，增强医生对患者病变部位的了解。在颅外科、神经外科、口腔外科、颌面整形外科等方面，可帮助外科医生进行外科手术方案规划和评估、复杂手术预演及进行个体适配性假体的设计和制造。

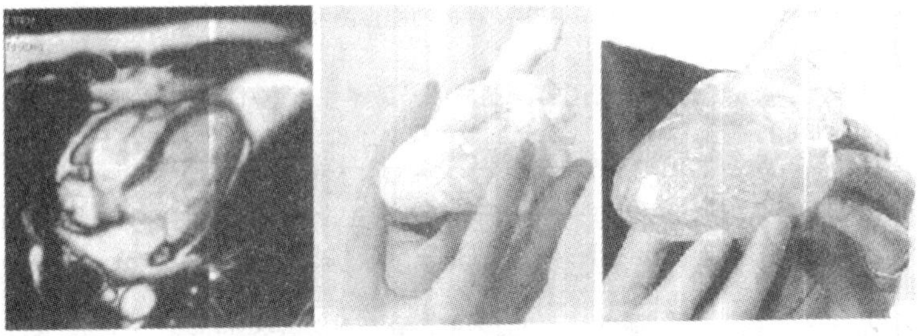

图 5-13 从 CT 图像到 RP 模型

彩色光固化法的出现进一步验证了RP技术在医学领域上的优势。彩色光固化法是一种特殊的光固化法，它利用不同固化程度的工艺使树脂原型显示出深浅不同的颜色。该技术对于肿瘤及其相关病灶区域的直观表达具有明显优势，如存在于骨骼内部的肿瘤可透过“骨骼”观察到；在复杂的颌骨手术准备中，外科医生可以很容易地确定牙齿位置，及对存在于上下颌中的牙根部位进行观察等(见图5-14)。

生物模型是医生和病人进行更好交流的工具，能够精确地传达医生进行手术的设想，使病人可以在难度较高的手术时与医生配合得更好。所以，生物模型提升了如进医学诊断和外科手术的整体水平，减少了手术的时间，节省了手术成本。相比于三维计算机模型，具有更加直观、更加准确、更加人性化的特点。

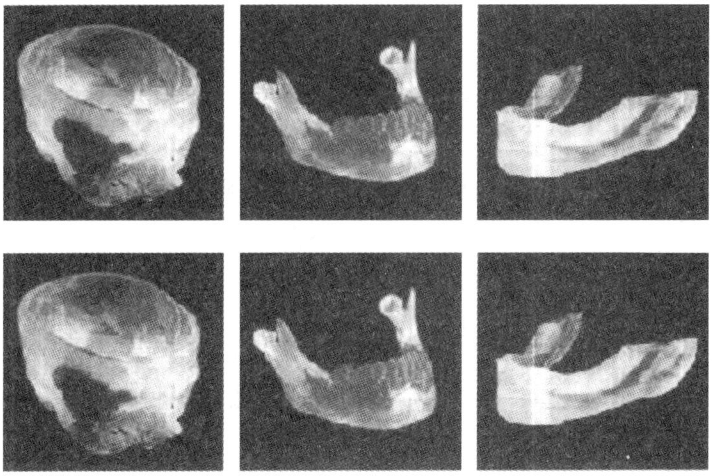

图 5-14　彩色光固化法原型实例

5.3.4　工程测试、功能测试及结构运动的分析

RP 技术在进行设计验证和装配校核之外，还能够直接进行性能和功能参数试验和研究，例如机构运动分析、流动分析、应力分析、流体和空气动力学分析等。使用 RP 技术能够规范地根据设计把模型快速地创造出来进行试验测试，在对复杂的空间曲面上能更好地体现出 RP 技术的优势。例如风扇、风扇轮毂等设计的功能检测和性能参数确定，能够得到最好的扇叶曲面和低噪结构。

在 RP 系统中采用新的光敏数字材料支撑的产品零件原型具有优秀的强度，能够进行传热、流体力学试验。使用某些特别的光敏材料做成的模型还存在光弹特征，能够在产品受载应力应变的试验探究中使用。如在研制某个车型时，美国通用汽车公司采用 RP 原型技术对车内空调系统、冷却循环系统及冬用加热取暖系统的传热学进行试验，比以前同样的试验节约了 40％的成本；在进行高速风洞流体动力学试验时，直接采用 RP 技术，节约花费达 10％以上。总之，通过 RP 进行物理原型的制造，能够快速地对设计进行评价，减少设计反馈的时间，方便而快速地进行很多次设计，极大地提升了产品开发的成功率，设计的花费和时间都节省很多。

5.3.5　艺术品制造

快速原型技术在玩具及艺术品创作的可视化展示中得到了非常好的应用效果。艺术品和建筑装饰品是按照设计者的想法设计创造出来的。使用 RP 技术能够让设计者的设计和创造形成一个完美的整体，给艺术家创造了优秀的设计环境和条件。许多离奇的雕塑艺术品的创作灵感来源于海洋生物的形貌、有机化学的晶体结构、细胞结构的生长图形、数学计算演变的结构等方面，而 RP 独特的工艺过程，为艺术品的创作开创了一个崭新的设计、制造概念。

第 6 章　其他先进制造技术研究

现代的制造业必须以最短的交货期、最优的产品质量、最低的产品价格和最好的服务，向用户提供定制产品，才能占领市场，赢得竞争。落伍者将丧失市场占有额，甚至被挤出市场，因此，提高制造企业的市场竞争力的最用力的工具——先进制造技术，就越来越受到广泛的关注和重视。本章主要对虚拟制造技术、微细加工技术、纳米加工技术进行了阐释。

6.1　虚拟制造技术

6.1.1　虚拟制造技术概述

20 世纪 80 年代初期，把信息集成当作重心的计算机集成制造系统得到了实行。20 世纪 80 年代末期，把过程集成当作重心的并行工程(Cocurrent Engineering，CE)技术使制造水平有所提高。20 世纪 90 年代，先进制造技术在往上不断地发展着，因此有了虚拟制造(Virtual Manufacturing，VM)、精益生产(Lean Production，LP)、敏捷制造(Agile Manufacturing，AM)、虚拟企业(Virtual Enterprise，VE)等新概念。

在上述众多的新概念中，“虚拟制造”得到了人们的一致关注，在科技界或者企业界，它已经变为了人们热议的话题。例如波音 777，它的很多部分比如整机设计、部件调试、整机装配及在不同环境下试飞都是在计算机上进行的，为此它的开发周期从 8 年缩短为 5 年，这无疑不是一种进步。又如 Perot System Team 依据 Dench Robotics 研发的 Quest 及 IGRIP 计划和施行了一条生产线，当全部设备还处于订货准备阶段时，要把生产线的运动学、动力学、加工能力等方面作探究与对比，其结果为生产线的实施周期由 24 个月缩短为 9 个多月。

这些年来，工业发达国家都在不遗余力地对虚拟制造的价值进行探索。美国的 NIST(National Institute of Standards and Technology)目前在做有关虚拟制造环境(即国家先进制造测试床 National Advanced Manufacturing Tested，NAMT)的建设，波音公司和麦道公司共同创建了 MDA(Mechanical Design Automation)，德国的 Darmstatt 技术大学 Fraunhofer 计算机图形研究所、加拿大的 Waterloo 大学、比利时的虚拟现实协会等都相继开设了研究虚拟制造技术的研究机构。

6.1.2　虚拟制造技术的内涵

6.1.2.1　虚拟制造的定义

目前,虚拟制造技术还在探索的时期,它的内涵以及体系结构还没有统一的意见。当前比较一致的意见是:“虚拟制造”中的“制造”一词代表的是广义的制造,为所有和产品有关的活动与过程。“虚拟制造”中“虚拟”的定义为这种制造技术不是真实的,是“本质上的”。也可以这样认为,“虚拟制造”指的是“能够在计算机上做出的本质内容”。虚拟制造主要是提供一个非常有力的建模和仿真环境,令产品的规划、设计、制造、装配等都能够在计算机上展现,而且还可以为产品生产过程的每方面给予支持。可以这样认为,虚拟制造主要内容有交互式的设计过程、生产过程、工艺规划、调度、装配规划、从生产线到整个企业的后期服务、财务管理等业务的可视化。

对虚拟制造的定义,比较有代表性的有:①美国空军 Wright 实验室于 1991 年 6 月给出的初步定义,认为虚拟制造是一个集成的、综合的建模与仿真环境,以增强各层次的决策与控制水平。②佛罗里达大学 Gloria J. Wiens 等对虚拟制造做出了以下解释:虚拟制造通俗来讲就是在计算机上模拟制造过程,虚拟制造中的虚拟样机的作用是在现实制造以前就着手评估产品的功效以及可制造性可能会出现的问题。③马里兰大学 Edward Lin 等以为:虚拟制造是根据计算机模型和仿真技术加强产品与过程设计、工艺策划、生产策划和车间等各级决策与控制水平的一体化的、综合性的制造环境。④大阪大学的 Onosato 教授提出:虚拟制造主要是通过模型来代替现实制造中的对象、过程以及活动,跟现实制造系统相比,它的特点为信息上有一定兼容性,结构上有一定的相似性。

从这些就可以看出来,虚拟制造不是在原来单项制造仿真技术基础上的一般组合,它是以相关的理论和一定的知识积累为基础,对制造知识实行系统化的重组,并为工程对象与制造活动实施全面建模。通过计算机仿真分析设计和制造活动,把里面不恰当的因素清除掉,而这些活动要在建设现实的制造系统前进行。它使用虚拟模拟来分析和评判在产品的功能、性能及制造性等方面可能会出现的情况,以此来实现提高人们预测与决策水平的效果。工程师们利用虚拟制造搭建出了从产品概念产生、设计到制造的全部过程的三维可视化及交互的环境,使制造技术从依赖过去经验的桎梏中脱离出来,向着更广阔的领域发展。

6.1.2.2　虚拟制造的特点

1)全数字化的产品

利用数字化产品模型来展示产品从无到有再到消亡的全部过程。和数字化的最终产品有联系的整个信息、CAD/CAPP/CAM/CAE 文件、材料清单、维护文件等都属于数字化文档。通过数字样机替换一般的物理样机，这个样机有真实产品的性能，因此技术人员和用户均可以对其研究。这样在没有制造出实物之前，用户就可以对它的美观度、可制造性、可装配性、可维修性、可回收性以及产品的各项性能指标评估，使得产品的成功率得到很大提高。

2)基于模型的集成

利用模型集成完成系统的 5 个要素，即人、组织管理、物流、信息流和能量流的高度集成。把产品模型、过程模型、活动模型和资源模型进行组合与匹配，以此仿真出专门制造环境的设备布局、生产与经营互动等活动，从而使产品开发的可能性、合理性、经济性以及高度适应性得到保障。

3)柔性的组织模式

虚拟制造系统所提供的环境不仅仅是为了某一个特定的制造系统而建立的，它可以为特定的制造系统的产品开发、流程管理和控制模式、生产组织的原则等提供决策依据。虚拟制造系统需要拥有柔性的组织模式。

4)分布式的协同工作环境

即使开发人员处在不同的地点、不同的部门，甚至是不同专业区域，他们都能够针对同一个产品模型进行工作、讨论以及共享信息。与产品有一定联系的各种信息、过程信息、资源信息甚至各种知识，都能够进行分布式存放和异地存取。工程人员可不受约束地运用处在不同地点的各种工具软件。

5)仿真结果的高可信度

虚拟制造的作用是利用仿真检测所设计的产品，或者定制出的产品规划等，使产品开发或生产组织可以一次性成功。这要令模型能真实表现出实际对象，主要靠的是模型的验证、校验和制效技术，也就是 VVA 技术来保障。

6)人与虚拟制造环境交互的自然化

应用虚拟制造技术的多为各个制造领域的工程技术人员以及管理人员，它所包含的信息非常多。如果无法利用自然化的交互形式，这些人员在虚拟制造技术上的研究就会受到影响。为此，虚拟制造环境需要做到以人为中心，让研究者可以全身心地在由模型创建的虚拟环境中研究，针对多种感官渠道来体会各媒体显示出的模型运作信息，根据人自身的智能将信息结合在一起，形成综合映射，把事物的内在本质清晰阐释出来。

6.1.3 虚拟制造的关键技术

虚拟制造所涉及的技术领域十分广泛，根据各项技术在虚拟制造中的地位和作用，可以把这些技术划分为建模技术、仿真技术和虚拟现实技术。

6.1.3.1 建模技术

建模技术是虚拟现实中的技术重点，也是难点。虚拟制造系统是当前现实制造系统在虚拟环境中的体现，也是模拟化、形式化和计算机化的形象表述和阐释。虚拟制造建模的关键技术有生产模型、产品模型和工艺模型的信息体系结构。

1)生产模型

其主要有静态描述和动态描述两类。静态描述即对系统生产能力和生产特性的描述。动态描述即在已经了解系统状况和需求特点方面的原则上,预先测定产品生产的整个过程。

2)产品模型

其是指在生产过程中各个实体对象模型的集合。有关产品模型描述的信息为产品结构明细表、产品形状特征等静态信息。有了完备的产品模型,产品制作过程中的所有活动就可以集成。因此经由虚拟制造的产品模型不再是单一的静态特征模型,它可以用映射、抽象等办法把产品实施中各活动需要的模型提取出来。

3)工艺模型

其把工艺参数与影响制造功能的产品设计属性联系在一起,用作说明生产规模和产品模型之间的交互影响。工艺模型所拥有的功能有计算机工艺仿真、制造数据表、制造规划、统计模型以及物理和数学模型等。

6.1.3.2 仿真技术

仿真技术是通过计算机把复杂的现实系统抽象和简化,然后形成了系统模型,分析之后并运行此模型,获得系统一系列的统计性能。据了解,仿真是按照系统模型为对象的研究办法,它对实际的生产系统不会有影响;同时可以就计算机快速运算能力的特性,在极短的时间里计算出现实生产中要花费较长时间的生产周期,使决策的时间变短,在资金、人力以及时间上避免浪费。计算机也能够反复仿真,优化实施方案。

产品制造过程仿真主要有制造系统仿真、加工过程仿真两种。虚拟制造系统中的产品开发包括产品建模仿真、设计过程规划仿真、设计思维过程和设计交互行为仿真等。这样就可对设计结果进行评估,从而完成设计过程的早期反馈,使产品设计减少错误。加工过程仿真具体内容有切削过程仿真、装配过程仿真、检验过程仿真以及焊接、压力加工、铸造仿真等。上面展示的仿真过程由于是独立发展的,因此无法进行集成,在虚拟制造中要开发面向制造全过程的统一仿真。

6.1.3.3 虚拟现实技术

虚拟现实技术形成的原因是要调整人和计算机之间的交互形式,进而使计算机的操作性有所提高。它是把计算机图形系统、各种现实和控制等利用起来的接口设备。在计算机上形成的交互三维环境(虚拟环境)上供给沉浸感觉的技术,以及交互操作的计算机系统称之为虚拟现实系统(Virtual Reality System,VRS)。虚拟现实系统由 3 个部分构成,即操作者、机器和人机接口。针对 VRS 对真实世界实行动态模拟,先对用户进行交互输入,而后根据输出来改变虚拟的环境,令人出现亲临其境的效果。

6.1.4 虚拟制造技术和其他先进制造技术的关系

6.1.4.1 敏捷制造技术

敏捷制造(Agile Manufacturing,AM)的理念是把高素质的员工、动态灵活的企业机构、企业内部与企业间的灵活管理,还有柔性的先进生产技术这几方面做了全面集成,使得企业能够快速应对当前变化飞速、难以捉摸的市场要求,从而得到稳固的经济效益。虚拟制造技术是敏捷制造的根本。

6.1.4.2 并行工程

并行工程(Concurent Engineering,CE)是一个以集成、并行的形式来制定产品及其全过程的系统办法。它要求设计人员在设计的时候要把影响产品的所有因素都考虑进来,比如产品的质量、成本、进度计划、用户需要等。要实现并行的效果,应建设高度集成的模型,运用仿真技术,进行异地人员的共同工作。

6.1.4.3 精良生产

精良生产(Lean Production,LP)的作用是将生产过程有所简化,并缩减其信息量,清除比较臃肿的生产组织,从而使产品和产品的生产过程得到简化和标准化处理。精良生产主要内容为准时生产和成组技术,它也给虚拟制造技术创造了条件。

6.1.5 虚拟制造技术的应用

6.1.5.1 虚拟制造在汽车行业中的应用

在很多工业发达的国家中,虚拟技术已经在汽车领域被普遍使用,例如美国的 GM 公司、Ford 公司、Alison 发动机公司等。在汽车领域中,所要用到的虚拟技术为虚拟设计技术、虚拟装配技术、虚拟实验技术、虚拟制造技术等。

在汽车的研发时期,虚拟设计技术起了很大作用,比如利用虚拟设计技术,能够在计算机中进行整车以及汽车零部件的概念设计、造型设计、总体布局设计和结构设计等。此外,还能够针对汽车的刚度、强度、固有频率、动态响应以及疲劳使用寿命和噪声等性能做出模拟分析,这样就可以在设计时期找出问题并把它处理掉。

虚拟装配技术的作用主要有,能使一般的装配方法不会出现装配干涉或者不到位的情况,并且可利用机构运动虚拟软件模拟其运动的轨迹。如果出现了一些瑕疵,就能很便利地将其修正且重新变为零部件模型,使零件的返工率大幅度降低。

虚拟实验技术主要针对汽车整部车或者零部件模型作模拟试验,一般是在真实实验环境、实验条件、实验负荷等条件下进行的。主要对产品的安全性、可靠性以及经济性进行预测,必要的时候也能够代替人们进行一些现在人类不能进行的实验,如深海海底实验、太空实验等。

虚拟制造技术具体内容有热加工工艺模拟,切削、冲压加工过程以及生产过程的仿真等。按照材料成型过程的特性,将虚拟样机的热加工工艺作数值模拟及物理模拟,并评估出热加工后材料的组织和性能,然后针对热加工工艺作优化,以便最大限度地激发材料的潜能。利用产品加工过程中的仿真模拟,检测产品设计是否合理、可加工性和工艺是否正确。调整进给路线、切削参数、加工程序等,使之完成优化。

6.1.5.2　虚拟制造在板料成型中的应用

通常来讲,一般的板料成型流程主要为“模具设计→模具制造→试模→修改→再试模直至产品满意→制件生产”的生产模式。试模中出现的起皱、破裂、回弹等状况通常是依赖技术人员的以往经验来处理的。此办法造价高、产品制作周期较长,且要求模具技术人员有很好的技能操作。在板料成型中应用虚拟技术,模具设计人员就能够利用计算机作模具的开发、测试和板料成型过程模拟,探究板料成型过程中可能会有的问题,找到合理的方法,令其在模具制作之前就完全处理掉,提升模具的制造成功率。

6.1.5.3　在模具行业中的应用

在模具领域中,虚拟制造在其中所展现的特点为在计算机上可以运作诸如产品设计、模具设计、模具制造、模具装配调试、试模等工作,可以令生产效率和产品质量得到很大提升。

6.1.5.4　在航空航天行业中的应用

在航空航天领域中,虚拟制造技术被广泛使用。例如美国波音公司在作新型客机机型设计的时候就使用到了该技术。波音公司在研发777新型客机的时候,通过虚拟制造技术和三维模型完成了一系列非常复杂的管道布线等装配过程的模拟装配,做到了设计制作流程的无纸化,使得虚拟制造技术从理论探究跨入工程实践的新台阶。

6.1.5.5　建立虚拟企业,实现动态联盟

虚拟企业(Virtual Enterprise,VE)是敏捷制造的一种动态组织形态,为了在某个机遇市场竞争中获胜,从而围绕新产品的研制,可以通过不同组织或者公司的优势资源,来构成比较单一的需要网络通信联系的阶段性经营实体。动态联盟特点有集成性和时效性,它从根本上来说是不同的组织或者企业间的动态集成,会依据市场的机遇有无而聚散。从它显示出的特点来看,结盟的对象不受限制,不仅可以是同一个公司的不同部门,还可以是处于不同国家的不同公司。在这个虚拟企业之中,人们可以互相分享到很多方面的信息,譬如生产、工艺和产品的情况,它们按照数据的形态呈现,可以进入许多计算环境里面。

虚拟企业跟虚拟制造是不一样的,它们之间的不同表现为:在如今的信息集成和共

享环境当中，虚拟企业注重网络，虚拟制造则重视产品的设计。特别是在开发阶段的时候，它对仿真产品在生命周期里的每个活动都非常关注。

进入信息时代，不同地域之间的距离在缩短，这意味着制造业的全球化正在慢慢实现着。制造业内部的斗争激烈，使得现在的制造业在市场和技术上出现了很大挑战。所有技术单元在同一时间面向市场和合作伙伴时，应敏捷地完成重组和集成，并将各方优势妥洽，取得优势互补的目的。

逆向工程和 RP 技术能够把设计概念变为产品的时间在逐渐缩短。逆向工程、RP 技术与 CAD/CAE/CAM 虚拟环境的集成得到实现，并建立一个有关快速产品研发以及模具制作的综合系统，就完成以产品的设计、分析、加工到管理的敏捷经济的组织方法。集成化快速模具制造系统通过虚拟环境，对新产品的研制、产品设计评估、装配检验、功能测试以及快速模具制造等方面的作用是非常大的。

6.1.6 虚拟制造的发展趋势

虚拟仿真是数字化制造的重要组成部分，它在工程应用中有四大发展趋势。虚拟仿真技术在强大的技术和飞速发展的应用需求刺激下，在向着多学科综合、多方协同以及集成化、平台化的方向发展着，也在向着构建数字化的设计制造能力以及体系方向发展。主要体现如下：朝着高精度、高效率建模和仿真发展；朝着集成计算材料工程和多尺度建模与仿真发展；朝着多学科综合优化、全过程建模和仿真方向发展；朝着基于数字样机的协同仿真的集成化、平台化方向发展。

由于我国对制造技术方面的探讨还不成熟，系统、全面的探究活动还没有实行，因此现在对这方面的认知还在国外理论消化与国内环境的相互连接上，具体内容有如下几个方面。

6.1.6.1 产品虚拟设计技术

其具体内容有虚拟产品开发平台、虚拟测试、虚拟装配以及机床、模具的虚拟设计实现等。清华大学在美国国家仪器公司的 Labview 开发平台上完成了对锁相环路的虚拟；机械科学研究院开发完成了立体停车库的虚拟现实下的参数化设计，主要是利用 C 语言和 Open GL 来编程的，通过该设计，能够非常明了地对车库的布局、设计、分析和运动模拟。

6.1.6.2 产品虚拟制造技术

其具体内容为材料热加工工艺模拟、加工过程仿真、板材成型模拟、模具制造仿真等等。北京航空航天大学和一汽通过 Optris 研制的板料成型材料可以模拟出相像于车门的复杂程度的汽车覆盖件与其他冲压成型件的冲压成型进程；沈阳铸造研究所研制的电渣熔铸工艺模拟软件包 ESRD 3D 在水轮发电机变曲面过流部件生产中被使用，在刘家峡、李家峡、天生桥、太平役等 7 个电站中被广泛应用；合肥工业大学完成的双刀架数控车床加工过程模拟软件使用在马鞍山钢铁股份有限公司车轮轮箍厂上，该软件的作用是可把数控程序现场调试时间从以前的几个班缩短为现在的几个小时，而且其一次试切的成功率非常高；北京机床研究所、机械科学研究院、东北大学、上海交通大学和前长沙铁道学院等单位均陆续开发出很多对于这方面的仿真软件。

6.1.6.3　虚拟制造系统

其具体内容有虚拟制造技术的体系结构、技术支持、开发策略等。其中提出了比较成熟的思想并可能实现的是由上海同济大学张曙教授提出的分散网络化生产系统和西安交通大学谢友柏院士组建的异地网络化研究中心。

在产品的数字化模型基础上，使用先进的系统建模和仿真优化技术，虚拟制造使产品的设计、加工、制造到检验整个过程的动态模拟得到实现，还针对企业的发展制定出恰当的决策和最优控制。虚拟制造以产品的“软”模型(Soft Prototype)来替换了实物样机，它针对模型的模拟测试来作产品评估，其目的是用非常低的生产造价取得比较高的设计质量，使产品的发布周期为之缩短，使企业的生产效率得到提高。企业的生产之所以有高度的柔性化和快速的市场反应能力，主要是由于虚拟制造技术的使用，它使得企业的市场竞争能力得到了进一步提高。到目前为止，虚拟制造这种先进的制造模式被广泛地应用，它给众多的企业带来了进一步的发展及收益。

6.2　微细加工技术

6.2.1　微细加工的概念及特点

6.2.1.1　微细加工的概念

微细加工技术被统一定义为一种可制作出微小尺寸零件的加工技术。从广义上来看，微细加工技术有很多方法，其中有许多常见的精密加工方法，还有与其原理大相径庭的新办法，比如微细切削加工、磨料加工、微细电火花加工、电化学加工、超声波加工、等离子体加工、外延生长、激光加工、电子束加工、离子束加工、光刻加工、电铸加工等；狭义地讲，微细加工技术目前一般主要是指半导体集成电路的微细制造技术，因为微细加工技术是在半导体集成电路制造技术的基础上发展起来的，如化学气相沉积、热氧化、光刻、离子束溅射、真空蒸镀、LIGA技术等。

微细加工技术的发展对集成电路的发展有很大的促进作用，而集成电路的迅速发展同时也对微细加工技术提出了更高的要求。人们把未来采用更先进的微细加工技术制造出来的、集成度比目前超大规模集成电路(ULSI)高得多的集成电路称为极大规模集成电路(GSI)。不管怎样,有一点是可以肯定的,这就是集成电路的发展一定建立在微细加工技术的发展之上。

在电子零件、机械零件及其装置方面上,微细加工技术的使用表现为:一般加工方法无法进行的微细加工任务,现在人们可以通过微细加工技术来轻松完成,从而制作出适合各个场合以及要求的零、构件。例如,微型机器人可以收集信息与智能操作等工作,而这些是大型机器人不能做到的。医学领域上,植入进人体血管中的微型机器人可以进行细胞操作;军事领域上,微型机器人可以在海底监控噪声,一旦监控到异常,就会喷出化学染料来标明敌潜艇的准确位置,外空领域上,微型机器人能够代替宇航员进行星球探测,当许多微型机器人散落在需要探测的星球上,就可以用微型电视摄像机将星球上的地形与地貌等图像传送到当作中继的星球车上,最后再传送到地面上。

微细加工技术的方法非常多,从加工机理类型上说,微细加工可以划分为以下4类:

(1)分离加工。分离加工是将工件某一部分分离出去的加工方法和技术,比如切削和磨削去除、分解去除、蒸发去除、破碎去除、溅射去除等。

(2)结合加工。结合加工是同种或不同种材料的相互结合的加工技术,如表面涂覆加工、材料的沉积和掺入、表面新材料的生长、两工件的粘接和焊接等。

(3)变形加工。变形加工是使材料形状改变的加工,如锻、轧、挤压等塑性变形加工,加热熔化铸造,流体变形加工等。

(4)材料的处理和改性。材料的处理和改性是使用物理或化学方法使材料性质或表面性质改变。

6.2.1.2 微细加工的特点

随着半导体器件、金属印刷电路、微型机械、光通信和集成电路技术的发展,对更加精细图形和更高精度尺寸,形状加工要求愈加强烈,使得微细加工和超微细加工不断发展,成为精密加工领域中的一个非常重要的关键技术。微细加工有如下几个特点。

1)微细加工和超微细加工是一个多学科的制造系统工程

微细加工和超微细加工已不再是一种孤立的加工方法和单纯的工艺工程,它包括超微量分离、结合技术、高质量的材料、高稳定性和高净化的加工环境、高精度的计量测试技术以及高可靠性的工况监控和质量控制等。

2)微细加工和超微细加工是一门多种学科的综合高新技术

微细加工和超微细加工技术的覆盖面非常大,其加工方法有分离、结合、变形三种类型,遍及传统的加工工艺和非传统加工工艺范围。

3)平面工艺是微型加工的工艺基础

平面工艺是制造半导体基片、电子元件和电子线路及其连线、封装等一整套制造工艺技术。它的核心为集成电路的制作,目前正在发展立体工艺技术。

4)微型加工和超微细加工与自动化技术联系紧密

要想保障加工质量和它的稳定性,就需要运用自动化技术来加工制作。

5)微细加工技术和精密加工技术的互补

微细加工属于精密加工范畴,但其自身特点十分显著,两者互相渗透,互相补充。

6)微细加工检测一体化

微细加工的检测、测试的配置十分重要,没有相应的检验、测试手段是不行的,在线检测和在线测试的研究是十分必要的。

6.2.2　常用的微细加工工艺

6.2.2.1　光刻加工技术

光刻是沉积与刻蚀的结合,主要用在集成电路制作中,得到高精度微细线条所构成的高密度微细复杂图形。光刻加工是光刻蚀加工的简称,它通过化学和物理的方法,把没有光致抗蚀剂涂层的氧化膜弄掉,人们称其为刻蚀。

光刻加工可分为两个阶段:第一阶段为原版制作,生成工作原版或工作掩膜;第二阶段为光刻加工。

1)原版制作

(1)绘制原图。根据设计图样,在绘图机上用刻图刀在一种叫红膜的材料上刻成原图。红膜是在透明或半透明的聚酯薄膜表面上涂敷一层可剥离的红色醋酸乙烯树脂保护膜而制成。刻图刀将保护膜刻透后,剥去不需要的那些保护膜部分,从而形成红色图像,即为原图。

(2)制作缩版、殖版。将原图用缩版机缩成规定的尺寸,即为缩版。当原图的放大倍数较大时,要进行多次重复缩小才能得到符合要求的缩版。在成批大量生产同一图像缩版时,可在分步重复照相机上将缩图重复照相,制成殖版。

(3)制作工作原版(工作掩膜)。缩版和殖版都可直接用于光刻加工,但一般都作为母版保存,以备后用,而将母版复印形成复制版,在光刻加工时使用,称为工作原版或工作掩膜。

2)光刻加工

(1)预处理。半导体基片经切片,抛光、外延生长和氧化后,在基片工作表面上形成氧化膜,光刻前先将工作表面进行脱脂、抛光、酸洗和水洗后备用。

(2)涂胶。把光致抗蚀剂(又称光刻胶)均匀涂敷在氧化膜上的过程称为涂胶。比较常见的涂胶方法有旋转(离心)甩涂、浸渍、喷涂和印刷等。

(3)曝光。曝光有投影曝光和扫描曝光两种。光源发出的光束经过工作原版(掩膜)在光致抗蚀剂涂层上成像,这是投影曝光,又称为复印。由光源发出的光束,通过聚焦变成细小束斑,利用数控扫描在光致抗蚀剂涂层上绘制图像,称为扫描曝光,又称为写图。

(4)显影与烘片。曝光后的光致抗蚀剂,它的分子结构发生了化学变化,在特定的溶剂或者水中的溶解度会有所不同。通过曝光区和非曝光区的不同,可以在特定熔剂中把曝光图像显现出,形成窗口,我们把它称之为显影。有的光致抗蚀剂在显影干燥之后,需要进行200℃～250℃的高温处理，令其产生热聚合作用，从而使强度得到提高，这就是烘片。

(5)刻蚀。通过离子束溅射消除图像中没有光致抗蚀剂的氧化膜部分，以便进行选择扩散、真空镀膜等后续工序。

(6)剥膜与检查。通过剥膜液消除光致抗蚀剂的操作叫作剥膜。剥膜以后要进行洗净并修整，这样就可以进行外观、线条尺寸、间隔尺寸、断面形状、物理性能和电学特性等检查。

6.2.2.2 硅微加工技术

硅微加工的具体内容为在硅片中制作各种微细圆孔、锥孔、槽、台阶、锥体、薄膜片、悬臂梁等形态的构件，而且能够利用一定的工艺构建为复杂的MEMS系统。该技术源于IC技术，加工过程中仍要借助于如光刻、扩散、离子注入、外延和沉积等IC工艺。硅微机械加工技术可分为体微加工技术和表面微加工技术两个主流。

1)硅的体微加工

硅的体微加工技术是指通过刻蚀等工艺给块状硅作准三维结构的微加工处理，即去除部分基体或衬底材料，以形成所需要的硅微结构。

体微加工在微机械制造中应用最早，可以在硅基体上得到一些凹槽、凸台、带平面的孔洞等微结构，成为建造悬臂梁、膜片、沟槽和其他结构单元的基础，利用这些结构单元可以研制出压力传感器或加速度传感器等微型装置。具体可分为湿法刻蚀和干法刻蚀两类加工形式。

(1)湿法刻蚀。湿法刻蚀是指利用化学刻蚀液和被刻蚀物质两者间产生的化学反应把被刻蚀的物质剥离下来的方法。湿法刻蚀不仅可用于硅材料刻蚀，还可用于金属、玻璃等很多材料刻蚀，是应用非常广泛的微细结构(如悬臂梁、齿轮等微型传感器和微型执行器的精密三维结构)图形制备技术。

湿法刻蚀成本比较低，不需要太昂贵的装置和设备。刻蚀速度的快慢与基底上面被腐蚀的材料和溶液中化学反应物的浓度以及溶液的温度有很大的关系。

(2)干法刻蚀。随着半导体制造业迈入微米、亚微米时代之后，对刻蚀的线宽规定为以细为主。传统的湿法化学刻蚀因线宽不易控制而难以满足要求，取而代之的是干法刻蚀技术。干法刻蚀的主要内容为以物理作用为主的反应离子溅射腐蚀、以化学反应为主的等离子体腐蚀，以及物理、化学作用兼有的反应溅射腐蚀。此方法是把被加工的硅片放入等离子体中，而后被有腐蚀性、含有一定能量的离子轰击，随后与之反应生成气态物质，消除被刻蚀膜。干法刻蚀无须很多的有毒化学试剂，也无须清洗。它的分辨率高，各向异性腐蚀能力非常强，能够获得非常大的深宽比结构，非常容易自动操作。

2)硅的面微加工

硅的面微加工(Surface Micomachining)是通过薄膜沉积和蚀刻工艺，在晶片表面上形成较薄微结构的加工技术。表面微加工用到的薄膜沉积技术包括物理气相沉积

(Physical Vapour Deposition，PVD)和化学气相沉积(Chemical Vapour Deposition，CVD)等方法。常见的表面微加工方法为牺牲层技术。

牺牲层技术是指在微结构层中加入一层牺牲材料，这样在后面工序中就可以选择性地把这一牺牲层材料腐蚀掉(即释放)而不会影响结构层本身。这种工艺的意义是可以令结构薄膜和衬底材料分离，从而获得很多需要的可变形或者可动的表面微结构。通常比较常见的衬底材料是单晶硅片，结构层材料一般为沉积的多晶硅、氮化硅等，而牺牲层材料是二氧化硅。

图 6-1 显示了牺牲层技术表面微加工的主要工艺步骤。图 6-1(a)为基础材料，常见的为单晶硅晶片；图 6-1(b)在基板上沉积一层绝缘层当作牺牲层；图 6-1(c)在牺牲层上进行光刻，并刻蚀出窗口；图 6-1(d)在刻蚀出的窗口和牺牲层上沉积多晶硅或者其他材料当作结构层；图 6-1(e)为在侧面把牺牲层材料给腐蚀掉，并释放出结构层，从而得到需要的微结构。

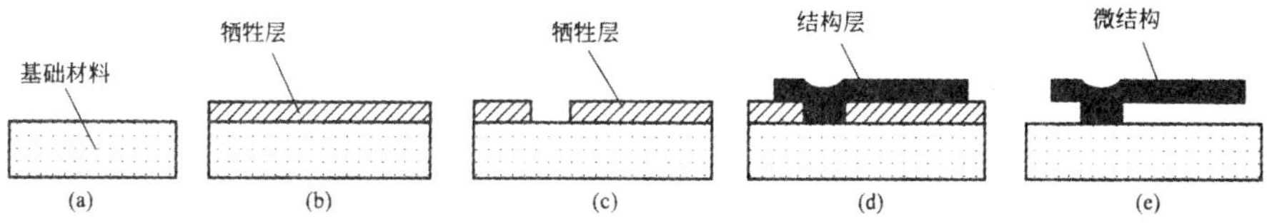

图 6-1　用牺牲层技术制作微结构的基本过程

面微加工对所用材料主要要求如下：

(1)结构层要保障有要求的使用性能，比如电学性能(静电电动机、静电制动器等需要的导电结构元件，绝缘层所需要的电绝缘材料等)、力学性能(如薄膜的残余应力、结构层的屈服应力和强度、抗疲劳特性等)、表面特性(如静摩擦力、抗磨损性能等)等。

(2)牺牲层要具备充足的力学性能(如低残余应力和好的黏附力)，这样就能确保在制作过程中不会出现分层或者裂纹等结构破坏的情况。另外，牺牲层不能对后续工序产生不好的影响。

(3)选择牺牲层和结构层材料后，薄膜沉积和腐蚀将起重要作用。沉积工艺需要有很好的保形覆盖性质，以保证完成微结构设计要求。腐蚀所选的化学试剂，应能优先腐蚀牺牲层材料而不是结构层材料，必须有适当的黏度和表面张力，以便能充分地除去牺牲层而不产生残留。

(4)表面加工工艺还应注意与 IC 工艺的兼容性，以保证微机械结构的控制和信号传输。

6.2.2.3　准 LIGA 工艺

LIGA 工艺要有非常昂贵的同步辐射 X 光源和制作非常复杂的 X 光掩膜，并且它与 IC 工艺不兼容。1993 年，美国学者 Allen 发表了运用光敏聚亚酰胺实现准 LIGA 工艺。根据非常常见的紫外光光刻设备和掩膜，它能够制造出高深宽比金属结构。由于紫外光光刻深度的限制，要实现较厚的结构需实行重复涂胶法。准 LIGA 工艺的过程和 IAGA

工艺大致上是一样的，其具体的过程为紫外光光刻、电铸或化学镀成型及制模和塑铸（见图 6-2）。

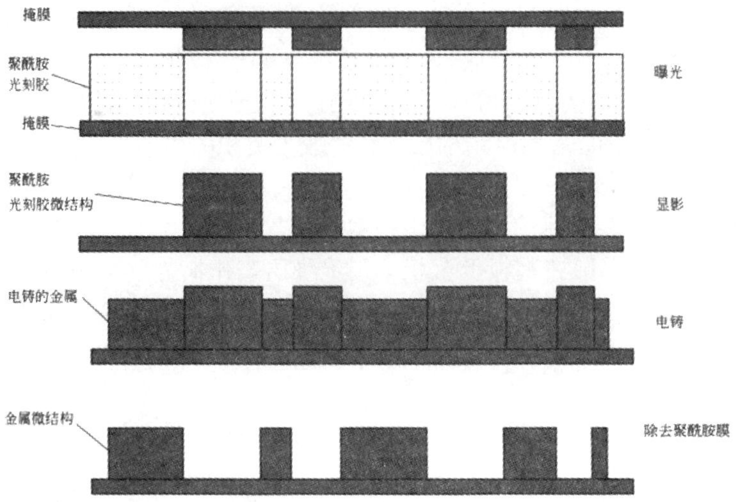

图 6-2　准 LIGA 工艺流程

准 LIGA 工艺对设备条件要求低，与 IC 工艺有很好的兼容性，具有更高的灵活性和实用性。准 LIGA 工艺能够制造出多种材料的有着较大厚度以及高深宽比的微结构，现在加工精度已经到微米级。能满足微机械制作中的许多需要，因此对该方法的研究较 LIGA 技术更加广泛。

6.2.2.4　微立体光刻成型技术

以上提到的各种微机械加工工艺的缺陷都是一样的，那就是无法做出任意形状的立体构件。这给 MEMS 的设计与功能实现上造成了非常大的障碍。为了完成微结构的真三维立体加工，日本学者将 RP 技术应用于微结构制作，并称之为微立体光刻成型技术（Micro Stereo Lithography，MSL）。

MSL 工艺的光刻对象是液态紫外聚合物，它在紫外光的辐射下固化，通过层层扫描，堆积出三维紫外光聚合物微结构。把此结构当成模具来实行电铸操作，就能够获取三维金属微结构。

MSL 工艺的主要特点是能制作复杂截面的微结构。此外 MSL 工艺还有以下几个特点：

（1）不需要掩膜，就可以和 CAD/CAM 系统连接在一起，加工灵活性非常高，适用于小批量的生产。

（2）成型材料种类非常多，聚合物或者金属皆可。

（3）成型速度很快，在当前微机械工艺中，它是加工周期非常短的方法。

（4）加工精度中等。

MSL 工艺如今只有微米级的分辨率，但是它的曲面和复杂截面的加工能力以及加工高度都不被约束，这是其他三维结构微加工技术都没有的特点。光斑和硬化单元尺寸的缩小、光刻胶性能的提高，使得 MSL 工艺在不断向亚微米级水平发展。目前，MSL 工艺的优点为设备简单、造价低、生产周期点，这些优点使得 MSL 工艺发展成为适用的三维立体微加工方法。

6.2.2.5　DEM 技术

DEM 技术由深层刻蚀（Deepetching）、深层微电铸（Electroforming）和微复制（Microreplication）三大工艺组成。

近几年来，国外制作出了用于进行硅深层刻蚀技术的先进硅刻蚀工艺。该工艺利用感应耦合等离子体和侧壁钝化工艺，能够对硅材料进行高深宽比三维微加工，其加工厚度可以达到数百微米，刻蚀速度可达 2.5μm/min。

然而如果用深层刻蚀出的硅微结构来当作模具，因为硅自身比较脆，当进行模压的时候会非常容易破碎，因此无法运用硅模具来作为微结构的大量生产。但是使用该模具对塑料进行第一次模压加工，而后把得到的塑料模压微结构开始微电铸，制作出金属模具以后，就能够进行微结构器件的批量生产了。

DEM 技术利用体微加工技术和 LIGA 技术的优点，使体微加工技术摆脱了只能加工硅材料的局限性。它和 LIGA 技术不一样，不需要非常昂贵的同步辐射 X 射线源和 X 射线掩膜板。通过该技术可以对非硅材料（金属、塑料或陶瓷）进行高深宽比三维微加工。图 6-3 为运用 DEM 技术制备的各种微器件。

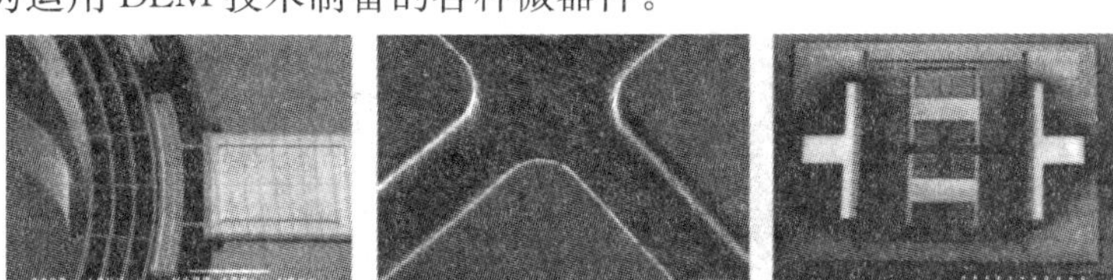

(a)　　(b)　　(c)

图 6-3　LIGA 制作的 MEMS 器件

(a)单晶硅传感器电极（2002 年美国）；(b)微流路分析芯片（2002 年德国）；
(c)微陀螺仪（2002 年韩国）

6.2.3　其他微细加工技术

6.2.3.1　微细电火花加工

在特种微细加工中，微细电火花加工是一种发展得非常成熟的办法。该办法比较适用在微米级结构尺寸的微细加工上，而且非常容易做到自动化。它通常指的是用棒状电极电火花加工或者线电极电火花磨削的方法，来给微孔、微槽、窄缝、各种微小复杂形状及微细轴类零件进行加工。加工尺寸一般在数十微米以下，而且还能够加工类似于 PDC、CBN 类的超硬材料。

微细电火花加工是特种微细加工中发展较为成熟的方法。它非常适合实现微米级结构尺寸的微细加工，同时易实现自动化。

一般来讲，微细电火花加工和普通的电火花加工并没有本质上的区别。但是要把电火花加工技术用在微细加工领域中，需要拥有下面 3 个条件：

(1)令电极可以按照稳定微步距进给的高精度伺服系统。

(2)能够出现极微能量甚至可控性好的脉冲电源。

(3)拥有制作微细高精度电极的本事和工艺。

6.2.3.2 微细电解加工

微细电解加工是指在微细加工范围 1～999nm 以内，根据金属阳极电化学去溶解所要消除材料的制作技术。在此技术中，去除材料要根据离子溶解的方式来实行，在电解加工中通过操控电流的大小与电流通过的时间、操控工件的去除速率以及去除量，来获得高精度、微小尺寸零件的加工方法。

加工间隙对微细电解加工的成型精度与加工效果有非常直接的影响，把加工电压降低，并提升脉冲频率和降低电解液浓度，为此电解微细加工间隙应调控在 10μm 以下。图 6-4 为用电解微细加工技术在镍片上加工深约有 5μm 的螺旋槽，用到的电解液为 0.2mol/L 的 HCl 溶液，其加工间隙为 600nm，表面粗糙度 Ra 值为 100nm。

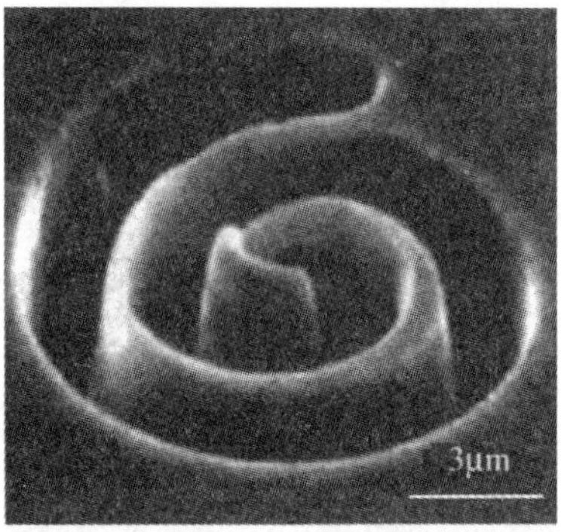

图 6-4 微细加工技术获得的螺旋槽

6.2.3.3 微细机械加工

微细机械加工方法是在传统切削技术上形成的一种加工方法，它具体蕴涵微细车削、微细铣削、微细钻削、微细磨削、微冲压等方法。微细车削是加工制作微小型回转类零件的一种方法，和宏观加工有一些相像，也需要具备微细车床和相应的检测与控制系统，但它对主轴的精度、刀具的硬度以及微型化的要求非常高。图 6-5 为用单晶金刚石刀头加工的微型丝杠。微细钻削方法中非常重视微细钻头的配置，依靠电火花线电极磨削就能够制作出直径约为 10μm 的钻头，其中最小的可为 6.5μm。微细铣削能够完成任何形状的微三维结构的制作，其生产率非常高，有利于扩展功能，在微机械的实用化开发上有非常广阔的前景。

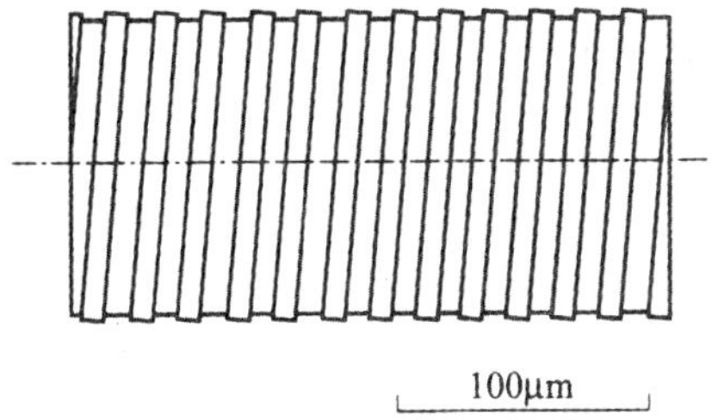

图 6-5　微型丝杠

微细磨削是在小型的精密磨削装置上进行的，可以实施外圆和内孔的制作。已经制作好的微细磨削装置，其工件转速可以到 2 000r/min，砂轮转速可达 3 500r/min，一般磨削利用的是手动走刀的手段。为了避免工件变形或者损坏，加工中心利用显微镜和显示屏对砂轮和工件的接触情况实时监控。微细磨削加工的微型齿轮轴的材料一般为硬质合金，而轮齿表面粗糙度 *Ra* 为 0.049μm。

6.2.4　发展微细加工技术的意义

6.2.4.1　微细加工技术的发展促进了微电子集成器件的发展

微电子技术作为新技术革命的主要内容和主要标志，过去、现在和将来对人类社会都会产生深远的影响。以微电子技术为中心构成的信息技术、控制技术、系统工程技术等，是当代极其重大的科技成果之一。它正在与传统技术相互渗透、相互结合，促进了一系列新技术、新产业的兴起，并在国民经济各个领域中都有它的存在。该技术对人们的工作与生活产生了非常深远的影响。

电子计算机作为 20 世纪最伟大的发明之一，被广泛应用在人们的生产、生活领域。但只有集成电路的迅速发展才能给计算机带来光辉的前景。20 世纪 50 年代初价值几百万美元、重达几十吨的电子计算机，到了 20 世纪 70 年代中期即被重量不到 500g、价值只有几十美元的大规模集成的 CPU 代替。到了 20 世纪 80 年代初，人们常见的 CPU 只有几克重，价格只有几美元。随着对现代计算机系统性能要求的不断提升，对集成电路的速度、可靠性和大容量都提出了前所未有的要求。

微细加工技术的发展有力地促进了集成电路的发展，而集成电路的迅速发展又对微细加工技术提出了更高的要求。人们把未来采用更先进的微细加工技术制造出来的、集成度比目前 ULSI 高得多的集成电路称为极大规模集成电路(GSI)。不管怎样，有一点是可以肯定的，这就是集成电路的发展一定建立在微细加工技术的进一步发展之上。

6.2.4.2 微细加工技术促进新型器件和有关学科的发展

基本工艺技术包含微细加工技术是在集成电路的探究与生产中发展起来的。到目前为止，该技术产生的作用和影响非常大，甚至超出了微电子技术范围。从科学技术领域来看，该技术是导致微电子、微机电系统 MEMS 发展的根本，还是半导体微波技术、磁泡技术、声表面波技术、低温超导技术、光集成技术以及其他许多技术发展的根本。当加工精度设定为亚微米或者更小的数量级的时候，微细加工方法就涵盖物理、化学和精密机械等方面，且要针对材料和器件的微区（包括原子或者分子数量级尺寸）性质进行分析，这对物质结构和器件结构的具体认知有很大的推进效果，使得新的材料和器件正在逐渐发展和形成。下面举几个例子加以说明。

在固体器件方面的推广应用：微细加工技术已经成功制作出微米级线宽的声表面波延迟线、滤波器等声表面波器件，微米级泡径的大容量磁泡存储器，CCD 固体摄像器件，半导体激光器、发光管、集成光路等光电子技术方面的光电器件。

在超导领域的推广应用：微细加工技术已经成功制作出开关速度为微秒级的低温超导器件。近年来，低温超导材料和技术的研究不断突破，使得超导微电子器件的发展越来越好。

在材料领域的推广应用：微细加工技术能够制成分子电路。通过分子功能材料自身就有的电一磁、电一光、电一声、热一电等现象或者效应能够完成预设的电子电路功能，即分子电路。分子电路的“元件”不像现在 IC 中的晶体管、电阻、电容，而是分子本身；并且也没有纵横交错的金属连线，具有更高的可靠性。分子功能材料的研制和突破是发展分子电路的关键。分子功能材料的获得不仅依赖于对材料物性的深入认识和研究，而且还需要建立一整套“原子级”加工精度的微加工技术，并且对材料的微观特性直接进行精确控制。

在电子零件、机械零件及其装置方面的推广应用：微细加工技术令人们能够精密、方便、多样地完成普通加工方法所无法完成的各种微细加工工作，可以制作出适合各个场合和要求的零、构件。微型机器人就是非常典型的例子，它能够完成许多大型机器人不能做到的收集信息以及智能操作等各方面的工作。例如，在工业领域上，微型机器人可以进行制作三维高密度连接的硅微结构，从而制造出新一代更微小的超微型机器人；在农业领域上，微型机器人完全可以替代农药，把成千上万个微型机器人撒入农田，利用它们消灭害虫，这样做的优势是不仅能够保证庄稼能有好的收成，还不会给作物和环境带来污染；在军事领域上，将哨所的周围装备上有着红外传感器的微型机器人“站岗放哨”，就可以采集到入侵者的兵力部署等详细情况。微型机器人的制作与微小零件的材料、加工方法和组装等微细加工技术有很大的关系。

进入 21 世纪，微型机械的尺寸有了一些变化，缩小到了几毫米甚至几百毫米，且它的构成零件尺寸为数十微米。另外，微型机械要做到自律性和可靠性非常高，这样才能更好地从事人眼看不到的地方工作。同时在碰到问题的时候，应具备较快的应变能力和自我修复能力。这些都对微细加工技术提出了新的要求。

工欲善其事，必先利其器。无论是过去数十年半导体技术和其他工业技术的发展，还是当代微纳米技术的进步，以及将来极大规模集成电路、分子电路、量子电路、生物芯片等的出现，无不依赖于微细加工技术的发展和进步。只有人们艰苦地建筑一座座微细、超微细加工技术的桥梁，才可能使微电子技术和其他技术一代又一代地发展起来，通往更高层次的文明时代。

6.3　纳米加工技术

6.3.1　纳米加工技术的特点

6.3.1.1　纳米级加工的物理实质分析

当微型加工的尺度从微米层次进入到分子、原子级的纳米尺度的时候，将要面对的问题不是几何上的“相似缩小”，而是一系列的新现象与新规律。这个时候，许多的宏观物理量，比如弹性模量、密度、摩擦等都要进行重新定义。在工程上常见的欧几里得几何、牛顿力学、宏观热力学和电磁学等都无法描述纳米级的工程现象和规律，量子效应、物质的波动特性以及微观涨落等现象已经成为无法忽略，甚至是起着主导效果的因素。

为了获得纳米级的加工精度，加工的单位需要在亚微米级。通常原子之间的距离为 0.1～0.3nm，为此纳米级加工基本上就差不多到了加工精度的极限。这个时候，试件表面的一个个不间断的原子或者分子可以成为加工的对象。为此纳米加工的物理原理就是要把原子或者分子之间的结合相切断，以此来消除原子或分子。因为物质是由共价键、金属键、离子键或者分子结构的方式相结合形成的，所以要把原子或者分子之间的结合切断掉，就必须具备切断原子间结合所需的能量，这就要求纳米加工方法必须具有相当高的能量密度，为(10^5～10^6)J/cm^3。常见的切削、磨削方法的能量密度比较小，它是针对原子、分子或者晶体之间的缺陷加工而成的，用这种方法直接切断原子间的结合是十分困难的。直接通过光子、电子、离子等基本离子的加工是当前纳米加工的重要方向和重要方法。但是纳米级加工需要有非常高的加工精度，利用基本能子加工的时候，怎样进行有效的控制来达到原子级去除的目的，是完成纳米级加工的核心。近几年来，相关技术的不断发展，纳米级加工已经开始应用。比如，用电子束光刻加工超大规模集成电路的时候，就已经实现了 0.1μm 线宽的加工；离子束刻蚀已经能够完成纳米级表层材料的去除；扫描隧道显微技术已经可以单原子操纵；等等。

6.3.1.2 纳米级加工精度

作为一种加工方法,纳米级加工也存在着精度的表征问题。纳米级加工精度一般分为3个方面:纳米级尺寸精度、纳米级几何形状精度和纳米级表面质量。

1)纳米级尺寸精度

(1)比较大的尺寸构件的绝对精度达到纳米级是比较难的。尺寸上的偏差主要是由零件材料的内部因素(比如稳定性、内应力、重力等)和外部环境因素(温度变化、气压变化、振动、粉尘和测量误差等)而导致的。为此当前的长度基准是以光速和时间为基准的,不是按照标准尺寸为基准的。

(2)比较大的尺寸构件的相对精度或者重复精度可以达到纳米级。例如一些特高精度轴和孔的配合、超大规模集成电路制造过程中要求的重复定位精度等。

(3)微小尺寸构件的加工可以达到纳米级。这是精密机械、微型机械和超微型机械中可能会碰见的问题,因此进行加工或者测量的时候,应该对其进行详细的了解。

2)纳米级几何形状精度

精密机械、微型机械中一般会碰见的问题为纳米级几何形状精度。比如精密轴和孔的圆度和圆柱度,精密球(如陀螺球、计量用标准球等)的球度,制作集成电路用的单晶硅基片的平面度,光学透镜、反射镜等的平面度、曲面形状等。上述精密零件的几何形状精度会给其工作性能和使用效果带来一定的影响。因此在纳米级尺度的加工和检测中,它的几何形状精度必须在纳米级。

3)纳米级表面质量

表面质量除了表示其表面粗糙度外,在微纳米尺度当中,还包括其表层的物理力学状态。例如要制作大规模的集成电路用的单晶硅基片,其平度要非常高,表面粗糙值要低且无划伤,其表面要无(或很小)变质、无表面残余应力、无组织缺陷;高精度反射镜的表面粗糙度和变质层对其反射率有一定的影响;精密机械、微型机械和超微型机械的零件对其表面质量的要求非常严格。

表面质量不仅仅是指它的表面粗糙度,在微纳米尺度,其表层的物理力学状态将更为重要。如制造大规模集成电路用的单晶硅基片,不仅要求很高的平面度、很低的表面粗糙度值和无划伤,更要求其表面无(或很小)变质、无表面残余应力、无组织缺陷;高精度反射镜的表面粗糙度和变质层影响其反射率;精密机械、微型机械和超微型机械的零件对其表面质量也有极为严格的要求。

纳米级加工精度的上述3种表征,对不同的加工对象将会有不同的偏重。

6.3.2 微制造中的LIGA技术

6.3.2.1 LIGA的含义与特点

LIGA是德文的制版术(Lithographie)、电铸成型(Galvanoformung)和注塑(Abformung)3 个词的缩写。20 世纪 80 年代初期，德国的卡尔斯鲁厄原子核研究所微量为了制造铀—235 微喷嘴而开发了 LIGA 技术。那时 LIGA 技术的开创者 Wofyang Ehrfeld 领导的研究小组曾经提出：可用 LIGA 制造厚度比其长宽尺寸大的各种微型机构。比如用它能制作出直径为 5μm、厚度为 300μm 的镍质构件。在很久之前，威斯康星—麦迪逊大学电气工程学教授 Henfy Guckel 就进行过关于 LIGA 技术的探究，制作了直径为 50～200μm、厚度为 200～300μm 的镍质齿轮组，并且把它们组合在一起形成了齿轮系。该技术是一种由半导体光刻工艺派生出来的、采用光刻方法一次生成三维微机械构件的方法，目前已日臻成熟，并在微制造领域中发挥着越来越重要的作用。

LIGA 技术主要包括深层同步辐射 X 射线光刻、电铸成型和塑注成型 3 个工艺过程。

1)深层同步辐射 X 射线光刻

在基片上显影成一层厚度为几百微米的 X 射线抗蚀剂层（一般为聚甲基丙烯酸甲酯，PMMA），在其上方遮蔽一片由吸收 X 射线的物质制成的掩膜。通过同步辐射 X 射线透过掩膜对固定在金属基底上的抗蚀剂层开始曝光。而后把它的显影制造成初级的模板。因为显影会把被曝光过的抗蚀剂除掉，所以这个模板就是掩膜覆盖下的没有被曝光部分的抗蚀剂层，它有着和掩膜图形一样的平面几何图形。

同步辐射 X 射线不仅有一般 X 射线拥有的波长短、分辨率高、穿透力强等优点，还有一些特定的优点，比如差不多完全平行的 X 射线辐射在进行大焦深（>10μm）的曝光后，使得几何畸变的影响为之减小；高辐射强度高，比普通 X 射线强度要高两个数量级以上，其作用是可使用灵敏度比较低但稳固性非常好的光刻胶来完成单层胶工艺；宽的发射带谱对 Fresnel 衍射的影响有所降低，对获取高的分辨率非常有利，还能够按照掩膜材料以及抗蚀剂性质选出，并使用最佳曝光波长；曝光的时间短，生产率高。与此同时，同步辐射射线的造价非常昂贵，稳定性好，掩膜体厚；同时当前的 LIGA 工艺还无法与半导体加工的其他工艺很好地匹配。

2)电铸成型

电铸成型是按照电镀原理，在胎膜上沉积一定厚度的金属以制成零件的方法。若胎膜为阴极，那么要电铸的金属则为阳极。

在 LIGA 技术当中，在初级模板（抗蚀剂结构）模腔底面上通过电镀法来形成一层镍或者其他金属层，所生成的金属基底可当作阴极，要成型的微结构金属的供应材料（如 Ni、Cu、Ag）可当作阳极。进行电铸，直到电铸所形成的结构正好可以把抗蚀剂模板的型腔填满。然后把它们全部浸入剥离溶剂中，把抗蚀剂形成的初级模板进行腐蚀剥离，所剩下的金属结构就是需要的微结构构件。该结构也就是注塑成型的二级模板。在有的情况下，也可以把这种金属结构作为最后的金属构件。

3)注塑成型

把塑性材料注入进电铸制成的金属微结构二级模板的模腔中，从而形成微结构塑性件，从金属膜中提出。此外，还可以利用形成的塑性件当作模板再进行电铸，通过 LIGA 技术进行三维微结构构件的批量生产。

与一般的微细加工方法比较起来，通过 LIGA 技术来作超微结构的微细加工的特点主要有以下几点。

1)可制备有着很大纵横比的微结构、精度高

由于 LIGA 技术所使用的同步辐射 X 射线的穿透力极强，为此可制备出有着很大纵横比的微结构，纵向尺寸可以达到数百微米，最小的横向尺寸可为 1μm；由于同步辐射 X 射线的波长短、分辨率高，因此制作精度极高，尺寸精度可达亚微米级；由于同步辐射 X 射线的高指向性，LIGA 技术适合于制作垂直结构。所加工结构在整个高度上可以维持着特别高的宽度一致性，结构侧壁平行度在亚微米级，此结构用别的办法是无法实现的，上述精度也给之后的塑铸工艺的脱模做出良好的保障。

2)取材广泛

LIGA 技术做出的几何结构不会受到材料特性和结晶方向的约束，它能够制作出以各种金属材料(镍、铜、金、镍钴合金)、塑料、玻璃、陶瓷等材料做成的微机械。为此，使得较硅材料的加工技术有了很快的发展。

3)可以制作任意复杂的图形结构

由于结合了掩膜转印技术，LIGA 技术就非常适用于对平面图形复杂的三维结构进行制造。此特征是硅微细加工技术所没有的，因为硅微细加工利用各向异性刻蚀，硅晶体沿着晶轴的各方向的溶解速率是不一样的。为此在硅晶体中生产的结构不是任意的。LIGA 制作的微结构可任意设计它的二维平面内的图形，微结构的形状与设计的掩膜有很大的关系。

4)可重复复制，具有大批量生产的特性

由于结合了模具成型技术，LIGA 技术为微结构的廉价制造提供了可能，具有大批量生产的特性。

6.3.2.2 用 LIGA 进行微三维结构的加工

LIGA 技术擅长直壁垂直结构的制作，但是对有斜面、自由曲面的结构的制作不拿手。为此，人们已经开始对其进行技术改进，以拓展 LIGA 技术的加工范围。

1)移动掩膜 LIGA

从 LIGA 的工艺原理可以看出，用 X 射线制版法加工抗蚀剂所得到的深度取决于曝光量，即取决于积聚的 X 射线能量的分布。在曝光的过程中，如果以一定的速度移动掩膜，就可以使抗蚀剂中各处积聚的 X 射线能量具有所要求的分布。控制这种积聚能量的分布，就有可能得到任意倾斜的侧壁。侧壁的倾斜角度取决于掩膜相对于加工深度的振动幅度。因此，只要预先掌握了积聚能量的分布与加工深度之间的关系，就可以加工出所需要的倾斜角。图 6-6 给出了掩膜在一个方向以一定速度作振动的例子。如果使掩膜作二维运动，并且改变移动的速度，就可以加工出曲面，从而制作出具有台形结构和锥形结构的制品。对该方法进行进一步的研究，就有可能制作出更加复杂的微三维结构。事实上，在实际应用中，为了便于把已经成型的塑料成品从模具中取出来，

也需要有一定的锥度。因此，移动掩膜这种方法对于 LIGA 的实际应用具有十分重要的意义。

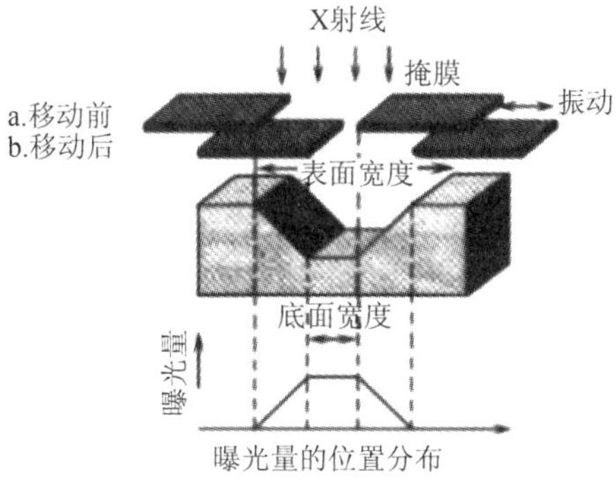

图 6-6　用移动掩膜 LIGA 进行深度加工的原理

2)平面图形——断面转印(PCT)

为了用 LIGA 技术制造出所希望的三维结构，需要用到其 X 射线吸收层的平面图形同三维结构的断面形状相似的 X 射线掩膜。当进行 X 射线曝光时，可以使抗蚀剂层相对于此 X 射线掩膜沿一定方向移动，并且根据 X 射线掩膜上 X 射线吸收层图形的开口面积比的不同来选择不同的曝光量，以此来控制 X 射线在抗蚀剂层断面方向积聚能量的二维分布。把经过这种方式曝光的抗蚀剂显影以后，就可以得到具有所需断面形状的微结构。上述的这种加工方法叫作平面图形———断面转印法(Planepattern to Cross—section Transfer，PCT)。PCT 所使用的抗蚀剂是同 LIGA 中一样的 PMMA。PMMA 开始显影时的 X 射线积聚能量阈一般为(1～2)kJ/cm^3，而且此阈值界限分明，十分稳定，比较容易设计断面的形状。可以直接按照所需微结构的断面形状来设计 X 射线掩膜上的 X 射线吸收层的形状。如果在一个方向移动抗蚀剂层以后再转过 90°向着与之垂直的方向移动，进行二次曝光，就有可能得到由许多针状结构物排列起来的阵列。PCT 加工的典型特点，就在于能够预先在掩膜上设计出所希望的制品的断面结构。图 6-7 给出了用 PCT 加工的一种具有自由曲面的 PMMA 的三维结构。把这种微结构作为模具，可以制作出高性能的微机械和 MEMS 的功能部件。

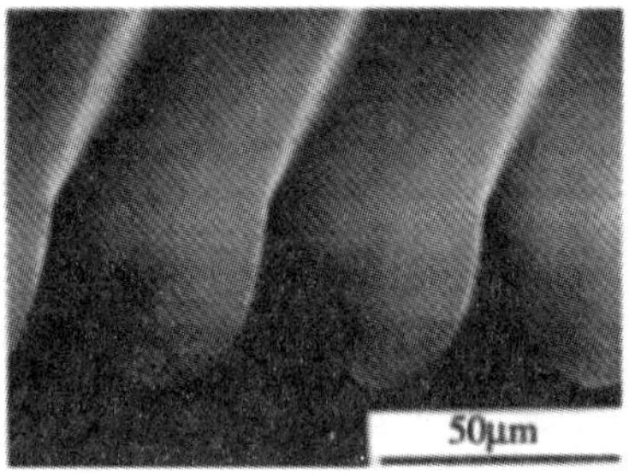

图 6-7　用 PCT 法加工出的具有自由曲面的 PMMA 微结构

6.3.2.3 LIGA 技术在微制造中的应用简介

LIGA 技术自开发之后就被当成是进行微三维立体构件加工的最有效方式之一。目前，欧、美、日等国已开始运用 LIGA 技术进行批量生产微构件商品。

1)微齿轮制作

由于微小齿轮的结构相对简单，而且应用面极广，因此德国、美国等科学家在进行 LIGA 技术的基础研究时大多从微齿轮的制作开始。目前已可制作出能够相互啮合的渐开线齿形的齿轮。据调查了解，LIGA 技术能够不受约束地完成二维设计，而且还可以在设计的时候对其进行计算机优化，精确度达到亚微米级。

2)大纵横比微结构的制作

作为一种实用的微细加工手段，LIGA 工艺的一大突出特性就是可以完成大纵横比微结构的制作。图 6-8 是日本学者用 LIGA 技术完成的部分微结构制作。其中，图 6-8(a)是制作的 Ni 金属模具，它的高度为 15μm，线宽为 0.2μm，纵横比为 75；图 6-8(b)是用 LIGA 技术制作的 Ni 掩膜照片，其高度为 200μm，线宽为 2μm，纵横比为 100；图 6-8(c)是在 PMMA 上得到的厚度为 200μm 微结构照片。

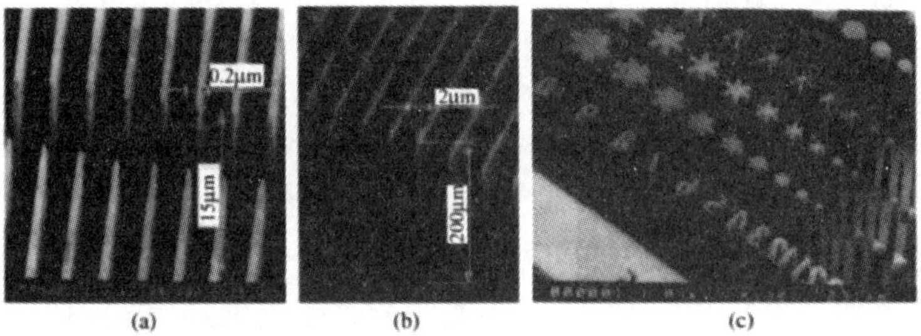

图 6-8 用 LIGA 方法制作的部分微结构

3)微传感、制动结构的制作

微传感器和微制动器的性能很大程度上取决于其敏感器件的灵敏度。而敏感器件则大多为大纵横比的微悬臂结构，这正是 LIGA 技术的加工特长。图 6-9 是德国学者用 LIGA 技术制作的部分微传感器和微制动器结构。可以看出，应用 LIGA 技术已经能够制作出结构相当复杂的微系统结构。

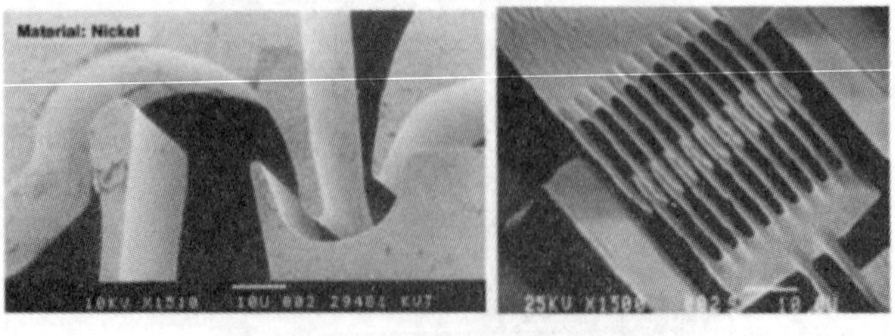

图 6-9 用 LIGA 方法制作的部分微传感器和微制动器结构

4)微动力装置的制作

LIGA 技术的实用化与普及应用主要体现在:它不仅可以完成大纵横比的微结构零件制作,还能够和其他的技术(例如微装配技术、牺牲层技术等)结合在一起制造了可动的微动力装置。为此,包括中国在内的世界各国学者进行了大量的研究工作。如德国的卡尔斯鲁厄研究所制作的静电式微电机,其中心轴轴径为 4.8μm,转子有 56 个齿,直径为 267μm。美国 Wisconsin 大学用牺牲层与 LIGA 技术相结合制作的电磁电机,6 个电极中两个相对的电极的线圈相连,组成每一相的定子线圈,其转子直径为 150μm,3 个齿轮直径分别为 77μm、100μm、150μm,该微电机在空气中转动时,转速可达 3 3000r/min。

此外,LIGA 技术还在光纤通信等众多领域中开始进入应用阶段。如用 LIGA 技术制作的光纤夹可令衬底上对准结构的热膨胀系数因子和光纤夹保持一致,这样就能够减少热膨胀对准精度的影响,使得耦合效率可以有很大的提高。事实上,数据传输系统多支光纤的网络中,要使用到很多种无源器件,而其中的波导结构可用 LIGA 来制作。

5)LIGA 与微细电火花加工技术结合制造金属微结构

电火花加工技术与制造金属微结构微细电火花加工技术相结合,它们在金属材料的微细加工中起到了非常重要的作用。但是微细电极,特别是微小成型电极制作起来是非常困难的,对该技术的广泛应用有非常大的限制。由于 LIGA 技术的批生产特性,可以用其制作复杂形状金属成型电极,从而大大拓宽微细电火花加工技术的加工能力和应用领域。把两种或者两种以上的微细加工技术进行有效的集成,令它们把各自的技术特点充分发挥出来,这是将来微细加工技术发展的必然趋势。

LIGA 与微细电火花加工技术相结合的复合加工技术的主要过程如下:

(1)运用具有所需图形的对光刻胶进行同步辐射深度曝光。

(2)显影,获得导电光刻胶基板上的微结构。

(3)在光刻胶微结构中电铸金属铜。

(4)表面磨抛后去胶,得到金属铜工具电极。

(5)利用该工具电极在电火花加工机床上加工工件。

参考文献

[1]宾鸿赞，王润孝．先进制造技术[M]．北京：高等教育出版社，2006.
[2]宾鸿赞．先进制造技术[M]．武汉：华中科技大学出版社，2010.
[3]陈立德．机械制造装备设计[M]．北京：高等教育出版社，2010.
[4]陈立德．先进制造技术[M]．北京：国防工业出版社，2009.
[5]陈明．机械制造工艺学[M]．北京：机械工业出版社，2012.
[6]陈明．制造技术基础[M]．北京：国防工业出版社，2011.
[7]陈旭东．机床夹具设计[M]．北京：清华大学出版社，2010.
[8]但斌，刘飞．先进制造与管理[M]．北京：高等教育出版社，2008.
[9]傅水根．机械制造工艺基础[M]．北京：清华大学出版社，2010.
[10]高晓平．先进制造管理技术及其应用[M]．北京：机械工业出版社，2005.
[11]国家自然科学基金委员会工程与材料科学部．机械工程学科发展战略报告(2011—2020)[M]．北京：科学出版社，2011.
[12]何涛，杨竞，范云．先进制造技术[M]．北京：北京大学出版社，2006.
[13]胡忠举．机械制造技术基础．[M]．长沙：中南大学出版社，2011.
[14]黄健求．机械制造技术基础[M]．北京：机械工业出版社，2011.
[15]吉卫喜．机械制造技术基础[M]．北京：高等教育出版社，2008.
[16]蒋志强，施进发，王金凤．先进制造系统导论[M]．北京：科学出版社，2006.
[17]李蓓智．先进制造技术[M]．北京：高等教育出版社，2007.
[18]李长河，丁玉成．先进制造工艺技术[M]．北京：科学出版社，2011.
[19]李健．先进制造技术与管理[M]．天津：天津大学出版社，2009.
[20]李伟．先进制造技术[M]．北京：机械工业出版社，2005.
[21]李益民．机械制造技术[M]．北京：机械工业出版社，2012.
[22]刘飞．先进制造系统[M]．北京：中国科学技术出版社，2005.
[23]刘晋春，白基成，郭永丰．特种加工[M]．北京：机械工业出版社，2008.
[24]刘璇．先进制造技术[M]．北京：北京大学出版社，2012.
[25]刘志峰，张崇高，任家隆．干切削加工技术及应用[M]．北京：机械工业出版社，2005.
[26]刘忠伟．先进制造技术[M]．北京：国防工业出版社，2007.

[27]任家隆.机械制造基础[M].北京:高等教育出版社,2008.
[28]任小中.先进制造技术[M].武汉:华中科技大学出版社,2013.
[29]盛晓敏,邓朝晖.先进制造技术[M].北京:机械工业出版社,2011.
[30]施平.先进制造技术[M].哈尔滨:哈尔滨工业大学出版社,2006.
[31]王光斗,王春福.机床夹具设计手册[M].上海:上海科学技术出版社,2011.
[32]王辉.机械制造技术[M].北京:北京理工大学出版社,2010.
[33]王隆太.先进制造技术[M].北京:机械工业出版社,2012.
[34]王庆明.先进制造技术导论[M].上海:华东理工大学出版社,2007.
[35]王先逵.机械加工工艺手册[M].北京:机械工业出版社,2007.
[36]王先逵.机械制造工艺学[M].北京:机械工业出版社,2006.
[37]王先逵.计算机辅助制造[M].北京:清华大学出版社,2008.
[38]许香穗,蔡建国.成组技术[M].北京:机械工业出版社,2005.
[39]杨斌久,李长河.机械制造技术基础[M].北京:机械工业出版社,2008.
[40]杨叔子.机械加工工艺师手册[M].北京:机械工业出版社,2011.
[41]于骏一,邹青.机械制造技术基础[M].北京:机械工业出版社,2009.
[42]郁鼎文,陈恳.现代制造技术[M].北京:清华大学出版社,2011.
[43]袁根福,祝锡晶.精密与特种加工技术[M].北京:北京大学出版社,2007.
[44]袁哲俊,王先逵.精密和超精密加工技术[M].北京:机械工业出版社,2007.
[45]曾志新,刘旺玉.机械制造技术基础[M].北京:高等教育出版社,2011.
[46]张世昌,李旦,张冠伟.机械制造技术基础[M].北京:高等教育出版社,2014.
[47]赵雪松.机械制造技术基础[M].武汉:华中科技大学出版社,2010.
[48]周宏甫.机械制造技术基础[M].北京:高等教育出版社,2010.
[49]朱江峰,黎震.先进制造系统[M].北京:北京理工大学出版社,2005.
[50]左敦稳,黎向锋,赵剑峰,等.现代加工技术[M].北京:北京航空航天大学出版社,2005.
[51]蔡瑾等.计算机辅助夹具设计技术回顾与发展趋势综述[J].机械设计,2010(2):1-6.
[52]郭东明,刘战强,蔡光起,等.中国先进加工制造工艺与装备技术中的关键科学问题[J].数字制造科学,2005,3(4):1-36.
[53]何翠珍.绿色制造与可持续发展[J].机械制造与自动化,2010,39(5):68-69.
[54]侯亚丽,李长河,蔡光起.发动机曲轴凸轮轴 CBN 高速磨削加工[J].煤矿机械,2009,30(2):115-117.
[55]侯亚丽,李长河,冯宝富,等.磨削液对陶瓷结合剂 CBN 砂轮磨削性能影响[J].润滑与密封,2007,32(5):106-118.
[56]侯亚丽,李长河.超高速磨削相关技术与工业应用[J].轴承,2009(3):51-56.
[57]贾宝贤,王冬生,赵万生,等.微细超声加工技术的发展现状与评析[J].电加工

与模具,2006(4):1－4.
[58]李长河,蔡光起,李琦,等.砂轮约束磨粒喷射精密光整加工材料去除机理研究[J].中国机械工程,2005,16(23):2116－2120.
[59]李长河,蔡光起,刘枫.砂轮约束磨粒喷射精密光整加工工艺特性研究[J].金刚石与磨料磨具工程,2005(5):41－44.
[60]李长河,蔡光起,修世超.砂轮约束磨粒喷射加工接触区压力场建模与验证[J].兵工学报,2007,28(2):202－205.
[61]李长河,蔡光起,修世超,等.高效率磨粒加工技术发展及关键技术[J].金刚石与磨料磨具工程,2006(5):77－82.
[62]李长河,蔡光起,原所先.砂轮约束磨粒喷射精密光整加工材料去除模型[J].农业机械学报,2005,36(11):132－135.
[63]李长河,蔡光起,原所先,等.砂轮约束磨粒喷射精密光整加工表面微观形貌的研究[J].中国机械工程,2006,17(14):1516－1523.
[64]李长河,丁玉成,侯亚丽.高速切削的工业应用[J].汽车工艺与材料,2009(4):58－60.
[65]李长河,丁玉成,卢秉恒.高速切削加工技术发展与关键技术[J].青岛理工大学学报,2009,30(2):7－16.
[66]李长河,侯亚丽,蔡光起.砂轮约束磨粒喷射精密光整加工微观形貌评价及摩擦学特性研究[J].中国机械工程,2007,18(20):2464－2468.
[67]李长河,侯亚丽.高速切削关键技术[J].汽车工艺与材料,2009(10):45－56.
[68]李长河,孟广耀,蔡光起.高速超高速磨粒加工技术的现状与新进展[J].青岛理工大学学报,2007,28(2):6－13.
[69]李长河,孟广耀,蔡光起.砂轮约束磨粒喷射精密光整加工有效性实验验证[J].农业机械学报,2007,38(1):141－144.
[70]李长河,修世超,蔡光起.超高速磨削砂轮技术发展[J].工具技术,2008,42(4):7－11.
[71]林清.基于图像处理的FOD监测系统技术方案探究[J].机电产品开发与创新,2013(6):118－119.
[72]刘冬敏.基于机械产品绿色制造技术的应用研究[J].中州大学学报,2008,25(6):126－128.
[73]罗松保.金刚石超精密切削刀具技术概述[J].航空精密制造技术,2007,43(1):1－4.
[74]荣烈润.敏捷制造——21世纪制造企业战略[J].机电一体化,2005(6):6－10.
[75]肖寿仁,周永胜,胡茶根,等.机械产品绿色制造技术的应用分析[J].铸造技术,2010,31(12):1628－1630.
[76]修世超,蔡光起,巩亚东,等.数控快速点磨削技术及其应用研究[J].世界制造

技术与装备市场,2008(5):87—91.

[77]袁巨龙,王志伟,文东辉,等.超精密加工现状综述[J].机械工程学报,2007,43(1):35—48.

[78]袁巨龙.超精密加工领域科学技术发展研究[J].机械工程学报,2010,46(15):161—177.

[79]张洁.基于 MSP430F149 温湿度检测及 nRF905 无线发送监控系统[J].工业控制计算机,2014(5):130—131.

[80]赵霞.机械工业绿色制造技术的发展初探[J].机械工业标准化与质量,2012(465):7—9.